普通高等教育"十三五"规划教材
高等院校计算机系列教材
空间信息技术实验系列教材

U0333523

数据结构实验教程

张玉琢　陈玉华　编

华中科技大学出版社
中国·武汉

内 容 简 介

此实验教材可配合"数据结构"课程的教学,目的在于加强读者对数据结构的基本知识、基础算法及相关技术的理解与掌握,以及对算法实际应用能力的训练,提高读者分析问题和解决问题的能力。

全书共分 8 章,基本上按"数据结构"课程教学内容的先后安排实验内容。第 1 章是编译环境的使用,介绍了程序的调试方法、算法设计规范与实现时应注意的问题;第 2~7 章是教学实验,描述了每一种相关数据结构的存储表示、基本操作算法及其实现,并给出了相应数据结构的实际应用和典型习题;第 8 章为数据结构课程设计,主要介绍课程设计的题目及实现方法、解题思路。全书给出了许多示例程序,并都在 Visual C++6.0 环境下调试通过。

本书可作为高等学校计算机及相关专业"数据结构"课程的实验教材。

图书在版编目(CIP)数据

数据结构实验教程/张玉琢,陈玉华编. —武汉:华中科技大学出版社,2018.8(2021.7 重印)
普通高等教育"十三五"规划教材 高等院校计算机系列教材
ISBN 978-7-5680-3971-0

Ⅰ.①数… Ⅱ.①张… ②陈… Ⅲ.①数据结构-高等学校-教材 Ⅳ.①TP311.12

中国版本图书馆 CIP 数据核字(2018)第 184520 号

数据结构实验教程
Shuju Jiegou Shiyan Jiaocheng

张玉琢 陈玉华 编

策划编辑:徐晓琦 李 露
责任编辑:李 露
封面设计:原色设计
责任校对:刘 竣
责任监印:赵 月
出版发行:华中科技大学出版社(中国·武汉)　　电话:(027)81321913
　　　　　武汉市东湖新技术开发区华工科技园　　邮编:430223
录　　排:武汉楚海文化传播有限公司
印　　刷:武汉邮科印务有限公司
开　　本:787mm×1092mm　1/16
印　　张:8
字　　数:182 千字
版　　次:2021 年 7 月第 1 版第 2 次印刷
定　　价:21.80 元

序

　　21世纪以来,云计算、物联网、大数据、移动互联网、地理空间信息技术等新一代信息技术逐渐形成和兴起,人类进入了大数据时代。同时,国家目前正在大力推进"互联网＋"行动计划和智慧城市、海绵城市建设,信息产业在智慧城市、环境保护、海绵城市等诸多领域将迎来爆发式增长的需求。信息技术发展促进信息产业飞速发展,信息产业对人才的需求剧增。地方社会经济发展需要人才支撑,云南省"十三五"规划中明确指出,信息产业是云南省重点发展的八大产业之一。在大数据时代背景下,要满足地方经济发展需求,对信息技术类本科层次的应用型人才培养提出了新的要求,传统拥有单一专业技能的学生已不能很好地适应地方社会经济发展的需求,社会经济发展的人才需求将更倾向于融合新一代信息技术和行业领域知识的复合型创新人才。

　　为此,云南师范大学信息学院围绕国家、云南省对信息技术人才的需求,从人才培养模式改革、师资队伍建设、实践教学建设、应用研究发展、发展机制转型5个方面构建了大数据时代下的信息学科。在这一背景下,信息学院组织学院骨干教师力量,编写了空间信息技术实验系列教材,为培养适应云南省信息产业乃至各行各业信息化建设需要的大数据人才提供教材支持。

　　该系列教材由云南师范大学信息学院教师编写,由杨昆负责总体设计,由冯乔生、肖飞、罗毅负责组织实施。系列教材的出版得到了云南省本科高校转型发展试点学院建设项目的资助。

前　　言

"数据结构"是计算机类专业的核心课程，一般在大学二年级开设。它对前面学习的软件技术进行了总结，同时又为学生学习后续专业课程提供必要的知识和技能。

作者在长期讲授"数据结构"课程中体会到，学生难以利用书本中的基本知识和方法解决一些实际问题，难以进行相关的算法设计。这就需要学生理解和巩固所学的基本概念、原理和方法，牢固地掌握所学的基本知识和基本技能。要想实现知识的融会贯通、举一反三，就必须多做、多练、多见。为了达到此目的，我们编写了这本实验教程，对一些重要的数据结构和算法进行了解读与练习，为学生将来编写大型软件打下良好基础。

"数据结构"课程的实践环节包含两个部分：实验和课程设计。其中，实验分为基本实验和综合实验。基本实验的主要目的是进一步巩固和加强学生对课堂内容的理解和掌握，所以实验内容一般集中在基本数据结构及其基本算法上。综合实验在设计上比基本实验更复杂，是对某种数据结构进一步的综合应用。课程设计安排在课程讲授完毕后，是对所学内容进行的综合训练，培养的是学生应用所学知识来解决问题的综合能力。

作者结合多年的课程讲授经验，及指导学生实验的教学实践经验，并参考了近年来出版的多种同类书籍，编写完成此书。全书共 8 章，第 1 章为预备知识，介绍编辑/编译环境的使用、程序的调试方法、算法设计规范和实现算法时应注意的问题；第 2～7 章是教学实验，重点介绍各类基础实验及数据结构的综合应用；第 8 章是数据结构课程设计，主要介绍课程设计的题目、课程设计的实现方法，以及课程报告的撰写方法。书中程序都在 Visual C++ 6.0 环境下调试通过。本书第 1 章、第 5 章、第 6 章、第 8 章由张玉琢编写，第 2～4 章以及第 7 章由陈玉华、张玉琢共同编写，全书由张玉琢统稿。

由于作者水平有限，书中难免存在错误和不妥之处，敬请读者批评指正。

编　者

2018 年 6 月

目　　录

第1章 预备知识

1.1 开发环境 Microsoft Visual C++ 6.0 的使用

Visual C++是一个功能强大的可视化软件开发工具。自 1993 年 Microsoft 公司推出 Visual C++ 1.0 后,历经多年锤炼,陆续推出了十余个版本。考虑教材的特点和实际应用情况,本书仍然以 Visual C++ 6.0 作为教学平台。

1.1.1 使用 Microsoft Visual C++ 编写控制台程序

打开 Microsoft Visual C++ 集成开发环境:双击桌面上的或"开始"菜单中的 "Microsoft Visual C++ 6.0",不久将看到 Microsoft Visual C++ 的编辑界面,如图 1.1 所示。

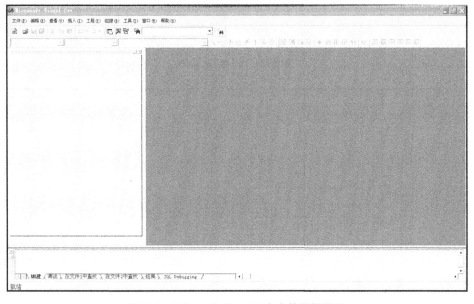

图 1.1 Microsoft Visual C++ 的编辑界面

选择"文件"菜单中的"新建"命令,在弹出的新建对话框中选择"文件"选项卡,选择 "C++ Source File",在"文件名"文本框中输入文件名,例如"hello.c",在"位置"文本框中输入文件存放的位置(目录),然后单击"确定"按钮,如图 1.2 所示。注意,文件名一定以".c"作为扩展名(如果想用 C++,就以".cpp"为扩展名),一定要指定自己特定的目录,不要使用系统的默认目录,或随便将文件放在根目录或其他目录下。

在右侧的窗口中输入程序的内容,如图 1.3 所示,然后单击"保存"按钮。

程序编写完毕,单击"编译"按钮或按"F7"键,开始编译。但在正式编译之前,Visual C++会先弹出对话框,询问是否建立一个默认的项目工作区,如图 1.4 所示。Visual C++必须有项目才能编译,所以这里必须单击"是"按钮。然后在保存.c 文件的目录中

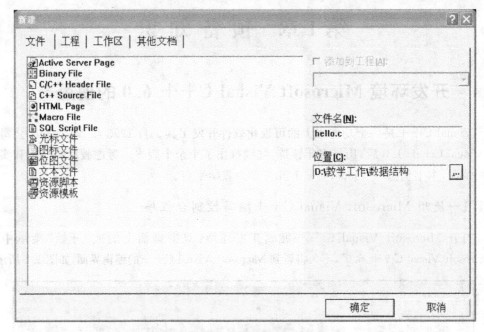

图 1.2 "新建"对话框

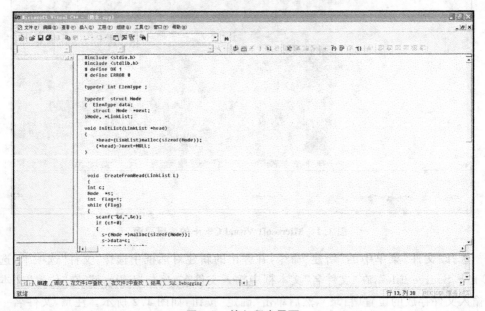

图 1.3 输入程序界面

会生成与源程序文件同名的.dsw 和.dsp 等文件。以后可以直接打开这些文件来继续编写程序,不必再重复上面的过程。

如果修改完代码后没有保存,这时系统还会询问是否保存。如果编译出错,会列出错误的位置与内容,并统计错误和警告的个数。

若没有错误,就可以运行了。单击图 1.3 中的图标 或按快捷键"Ctrl＋F5",程序

图 1.4　询问是否建立项目工作区

将在一个新的 DOS 窗口中运行。窗口中会显示一行提示"Press any key to continue",这是Visual C++系统本身的提示,并不是程序的输出。看到此行提示时,说明程序已经运行完毕。按照提示,可以按任意键关闭窗口。

1.1.2　程序的调试与相关技巧

在编写较长的程序时,能够一次成功而不含任何错误绝非易事。对于程序中的错误,Microsoft Visual C++提供了易用且有效的调试手段。在工具栏上右击,在弹出的快捷菜单中对调试命令打勾,会出现 Debug 调试工具栏,如图 1.5 所示。其中,单步跟踪进入子函数(Step Into)、单步跟踪跳过子函数(Step Over)、运行至当前函数的末尾(Step Out),以及观察变量的值(Watch)等按钮都是经常用到的工具。

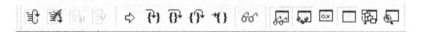

图 1.5　Debug 调试工具栏

表 1-1 所示的是基本的调试命令、图标和快捷键的对照表。

表 1-1　基本调试命令对照表

调 试 命 令	图 标	快捷键	说　　明
Go		F5	开始或继续在调试状态下运行程序
Run to Cursor		Ctrl+F10	运行到光标所在行
Stop Debugging		Shift+F5	停止调试程序
Insert/Remove Breakpoint		F9	插入或删除断点
Step Into		F11	进入函数内部单独执行
Step Over		F10	执行下一条语句,不进入函数内部
Step Out		Shift+F11	跳出当前函数

Visual C++还有很多特有的高级功能,如图 1.6 所示。

图 1.6 所示的各个调试窗口都可以改变位置,也可以随意开关。左下方的 Variable 窗口随着程序的执行动态更新,里面显示选定的上下文(Context)下的局部变量和函数调用的返回值等信息。右下方的 Watch 窗口有很强的自定义性,用户可以自行在其中输入

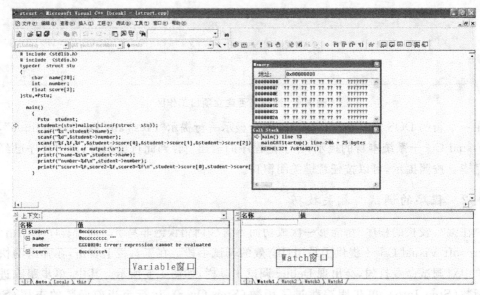

图 1.6　Visual C＋＋调试界面

想要监视的变量,任意修改变量的值,也可以直接把源码中的变量拖到此窗口中。Memory 窗口显示的是内存映像,在这里能直接查询和修改任意地址的数据。对初学者来说,查看此窗口能更深刻地理解各种变量、数组和结构等是如何占用内存的。Call Stack 窗口显示函数调用的嵌套情况。

1)输入数据比较大时的测试技巧

当输入程序时,如果数据比较大,则可以把数据先存放在一个文本文件中,例如 D:\\acm.txt,然后在 main()程序开头添加一句 freopen("D:\\acm.txt","r",stdin)。这样当用 scanf()读入变量时,程序会从 acm.txt 中读入,这样一来可以提高多次调试的速度,二来也可以避免输入数据时出错,最后在提交的程序中可把这一语句改为注释或直接删除。

2)查看变量的值

查看变量的值要通过 Watch 窗口,这里有 4 个 Watch 页面,在查看多个数组时很有用,可以通过一个页面查看一个数组。同时在 Watch 窗口中还可以更改变量的值,当指针指到一个变量上时,可以看到变量的当前值。

3)链接错误 LNK2001 的处理方法

对于编程者来说,修改错误的最好时机是编译出错时,而一般来说,发生链接错误时,编译都已通过。产生链接错误的原因非常多,尤其是 LNK2001 错误,如果不深入地学习和理解 Visual C＋＋,要想改正链接错误 LNK2001 非常困难。

在学习 Visual C＋＋的过程中,遇到 LNK2001 错误的错误消息主要为:unresolved external symbol "symbol"(不确定的外部符号"symbol")。

如果链接程序不能在所有的库和目标文件中找到所引用的函数、变量或标签,将产生错误消息。一般来说,发生错误的原因有两个:一个原因是所引用的函数或变量不存在、拼写不正确或者使用错误;另一个原因可能是使用了不同版本的链接库。

以下是可能产生 LNK2001 错误的原因。

（1）编码错误导致的 LNK2001 错误。

①不相匹配的程序代码或模块定义文件(.DEF 文件)会导致 LNK2001 错误。

②调用函数时,所用的参数类型同函数声明时的类型不符,将会产生 LNK2001 错误。

③试图从文件外部访问任何没有在该文件中声明的静态变量,将导致编译错误或 LNK2001 错误。

④不同于 C 语言,C++的全局变量只有静态链接性能。试图在 C++的多个文件中使用全局变量,也会产生 LNK2001 错误。一种解决方法是,在需要时在头文件中加入该变量的初始化代码,并在.cpp 文件中包含该头文件;另一种解决方法是,使用时给该变量赋以常数。

（2）编译和链接的设置造成的 LNK2001 错误。

①如果编译时使用的是/NOD(/NODEFAULTLIB)选项,则程序所需要的运行库和 MFC 库在链接时由编译器写入目标文件模块,除非在文件中明确包含这些库名,否则这些库将不会被链接到工程文件中。在这种情况下使用/NOD 将导致 LNK2001 错误。

②使用/MD 选项编译时,既然所有的运行库都被保留在动态链接库中,那么源文件中对 func 的引用就是在目标文件中对_imp_func 的引用。如果试图使用静态库 LIBC.lib 或 LIBCMT.lib 进行链接,则在_imp_func 上将发生 LNK2001 错误。如果不使用/MD 选项编译,那么在使用 MSVCxx.lib 链接时也会发生 LNK2001 错误。

③使用/ML 选项编译时,如果用 LIBCMT.lib 链接,则在_errno 上会发生 LNK2001 错误。

④当编译调试版的应用程序时,采用发行版模态库进行链接将会产生 LNK2001 错误。同样,使用调试版模态库链接发行版应用程序时,也会产生相同的问题。

⑤不同版本的库和编译器的混合使用也能产生问题,因为新版的库中可能包含旧版的库中没有的符号和说明。

⑥不正确的/SUBSYSTEM 或/ENTRY 设置也能导致 LNK2001 错误。

1.2　算法描述应注意的问题

程序设计人员需要具备良好的程序设计风格,这可让程序有较高的质量,易于阅读与修改,并能在运行时正确地解决问题。

1.2.1　算法的表示与函数模块化

1)算法的表示

本书中用到的算法都以如下所示的 C 语言形式表示,其中新的、具体的数据类型定义在本书相关章节给出。

　　[函数返回值类型] 函数名 ([形式参数及其说明])

　　{

　　内部函数说明;

执行语句组；

}/*函数名*/

函数的定义主要由函数名和函数体组成,函数体用花括号"{"和"}"括起来。函数中用方括号括起来的部分(如"[形式参数及其说明]")为可选项,函数名之后的圆括号不可省略。函数的结果可由指针或其他方式传递到函数之外。执行语句可由各种类型的语句构成。

2)函数模块化

根据结构化程序设计思想,将一个大任务分解为若干功能独立的子任务,故程序可由一个主函数和若干个子函数构成。C语言的函数相当于其他语言中的子程序,可用函数来实现特定的功能。一旦要修改某个函数,并不影响其他函数的运行和运行结果。这可延伸到面向对象的程序设计理念。

1.2.2 算法描述要点

1)加必要的注释

可在算法描述的开头附上简短的注释,对函数处理的前提、参数的作用、提供的结果与函数完成的功能加以说明,使得人们简单阅读后就能明白函数在做什么。在程序中运用到技巧的地方加上必要的注释,有利于其他人理解函数功能的具体实现方法。

2)避免函数返回值隐含说明

对于主函数而言,返回类型和参数列表一般可以不写出,系统会执行一些默认的操作。但对于子函数而言,返回类型是必不可少的。当函数返回值为空类型时必须用 void 显式说明,以避免混淆。

3)预定义常量和类型

算法通常会用到 TRUE、FALSE、MAXSIZE 等常量,可通过宏将其定义为符号常量。

```
# define     TRUE    1
# define     FALSE   0
# define     MAXSIZE 100
# define     OK      1
# define     ERROR   0
```

4)使用有意义的函数名与变量名

见名达义,使人一见到函数名,就明白函数的功能,以增加程序的可读性。

5)简化输入/输出表述

对输入/输出函数中的类型部分可不做严格要求。

1.2.3 与参数传递相关的技巧

1)利用全局变量进行参数传递

利用全局变量可以帮助解决函数多结果返回的问题。

在算法实现过程中,会用到一个或若干个子函数,在函数内定义的变量是内部变量,又称为局部变量,在函数外定义的变量是外部变量,又称为全局变量。

局部变量是只能在本函数中使用的变量。局部变量只在本函数范围内有效,在本函数以外不能使用。

全局变量是程序中所有函数都可以访问的变量。其作用域从定义该变量的位置开始一直到源文件结束,它对作用范围内所有函数都起作用。利用全局变量可以实现参数传递的某些功能,在其作用范围内,全局变量可以将子函数中的值带出到其他函数中。

2)形参与实参间的参数传递

在算法转变为程序的过程中,会用到一个或若干个子函数,函数间的参数传递是进行信息通信的重要渠道。参数传递的主要方式有传值和传地址两种。传值时所用的参数只为被调用函数提供处理数据,称为值参。在 C 语言中调用函数和被调用函数间进行值传递,实质就是实参的值单向传递给形参的过程。传地址时所用的参数既能为被调用函数提供待处理数据,又能把被调用函数的操作结果返回到调用函数,这种参数为变量参数,在 C 语言中是用指针类型的参数实现这种地址传递的。下面为参数传递的示例。

参数传递的 C 语言程序如下:

```
# include <stdio.h>
void swap1(int a,int b)
  //该函数实现 a,b 两个变量的值交换
  {
    int c;
    c= a;a= b;b= c;
    printf("swap1 中的 a= % d,b= % d\n",a,b);
  }


  void swap2(int * a,int * b)
  //形参 a,b 为指针变量,该函数实现指针 a,b 所指变量的值的交换
  {
    int c;
    c= * a;* a= * b;* b= c;
  }


void main( )
{
int x= 100,y= 800;
swap1(x,y);     //调用 swap1 时,把实参 x,y 的值分别传递给形参 a,b
printf("调用 swap1 后 x= % d,y= % d\n",x,y);
          //输出调用 swap1 后的数据
x= 100;y= 800;
swap2(&x,&y);   //调用 swap2 时,把实参 x,y 的地址分别传递给形参 a,b
printf("调用 swap2 后 x= % d,y= % d\n",x,y);
          //输出调用 swap2 后的数据
}
```

程序的运行结果如下。

初值：x＝100，y＝800；

调用 swap1 时，其中 a＝800，b＝100；

调用 swap1 后，x＝100，y＝800；

调用 swap2 后，x＝800，y＝100。

调用 swap1 时，实参 x 的值传递给形参 a，实参 y 的值传递给形参 b。在子函数 swap1 中，实现 a、b 两个变量的内容互换，但 a、b 值的变化结果无法返回给主函数 main()，因为 a、b 是局部变量。

调用 swap2 时，采用的是地址传递，实参把变量 x、y 的地址分别传递给形参指针变量 a、b。在 swap2 子函数中，通过访问指针变量 a、b 分别指向的实参单元 x、y，实现主函数中变量 x 和 y 的值的交换。

1.2.4 函数结果的返回方式

可以通过全局变量、函数返回值、传地址参数三种方式把结果返回到主函数。借助参数表的参数传递方式是一种参数显式传递方式，借助全局变量的参数传递方式是一种参数隐式传递方式。

在值传递方式中，值参数的作用域相当于该函数的局部变量，无法输出结果值。如果想返回一个结果值，则可以使用 return 返回方式输出一个函数结果值。

若被调用函数需要返回多个值，则可通过全局变量方式或传地址参数方式（数组方式、结构体方式、指针方式）来实现。

第2章 线 性 表

线性结构是最简单、最常用的一种数据结构。其特点是在数据元素的非空有限集合中,除第一个元素无直接前驱、最后一个元素无直接后继外,集合中其余元素均有唯一的直接前驱和唯一的直接后继。线性结构常用的存储方式有两种:顺序存储和链式存储。

2.1 线性表的顺序存储基本实验

2.1.1 顺序存储结构原理

用一组地址连续的存储单元依次存储线性表中的各个元素,使得线性表中在逻辑结构上相邻的数据元素在存储空间上是相邻的,这称为线性表的顺序存储结构,具有这种结构的线性表简称为顺序表。

顺序表的存储如图 2.1 所示。

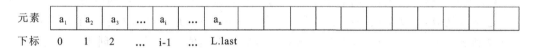

图 2.1 顺序表的存储

线性表的顺序存储结构的 C 语言描述如下:

```
# define MAXSIZE 100
typedef struct
{
    ElemType elem[MAXSIZE]; //顺序表所用的一维数组
    int last;               /*记录线性表中最后一个元素在数组 elem 中的下标,空表置为
                             - 1*/
}SeqList;
```

SeqList 是顺序表的数据类型,利用 SeqList 变量可以定义这种数据类型的变量。

2.1.2 实验目的

(1)掌握线性表的顺序存储结构和基本操作,重点体会线性表的插入、删除,加深对顺序存储结构的理解,逐步培养解决实际问题的能力。

(2)掌握函数参数传递的方法。

2.1.3 实验过程示例

【任务】开发一个顺序表的基本操作程序,要求程序具备实现如下操作的功能。

①InitList():顺序表初始化函数。

②FindList():根据元素位置序号查询元素值的函数。

③LocateList（）:根据元素值查找元素在表中位置的函数。

④InsertList（）:元素插入函数。

⑤DeleteList（）:元素删除函数。

⑥OutputList（）:顺序表的遍历,输出表中所有元素。

要求程序具有供用户选择的菜单,菜单中应该包含的菜单项有:浏览、插入、删除、退出等。

1)顺序表的初始化

【原理】顺序表的初始化是构造一张空表的过程。表 L 是空表,意味着该表中没有任何元素,即 L. last＝－1,函数的返回值类型为 void。要将初始化后的表返回,这里需要采用 SeqList 指针型变量作为函数参数。

```
void InitList( SeqList * L)
{
L-> last= - 1;
} //InitLsit()函数结束
```

2)创建顺序表

【原理】创建顺序表就是将表由空表变为非空表的过程,可以通过两种方式实现。一是通过插入运算,依次将表中的元素插入表中指定位置;二是通过输入操作直接将元素依次存储到顺序表中。这里采用第二种方式。函数的返回值为 void,要将创建好的表返回,参数仍然使用 SeqList 指针型变量。

创建顺序表的 C 语言程序如下:

```
void CreateList( SeqList * L)
{
  ElemType e;
  int n,i;

  printf("输入表的长度:");
  scanf("%d",&n);
  printf("输入%d个元素:\n",n);
  i= 0;
  while(i<n)
  {
    scanf("%d",&L-> elem[i]); //将从键盘输入的数据存储到表 L 的数组中
    i+ + ;
  }
  L->last= n- 1;  //表中最后一个元素的下标为 n- 1
} //CreateList()函数结束
```

3)插入元素

在顺序表 L 的位置 i 上插入元素 e,插入成功返回 1,插入不成功返回 0。可以通过符号常量定义,用 OK 表示 1,用 ERROR 表示 0。

【原理】要完成插入运算的函数定义,就要弄清两个关键问题:第一,插入不成功的情

况是什么样的？第二，插入成功后，插入前和插入后顺序表的状态发生了什么改变，是如何变换的？由于返回值为 1 或者 0，要返回插入成功后的顺序表，参数应使用 SeqList 指针型变量。

插入元素的 C 语言程序如下：

```
int InsertList(SeqList * L , int i, ElemType e)
{
  int k;
  if((i<1)||(i>L->last+ 2))    //插入的合法位置是1~ L->last+ 2
  { printf("\n插入位置 i 值不合法");
   return ERROR;
  }
  if(L->last>= MAXSIZE- 1)
  { printf("表满,已经无法插入");
   return ERROR;
  }
  /*移位:把要插入的元素的位置腾出,表中的插入位置i,对应着数组 elem 的下标i- 1,移
  位的时候从最后一个元素开始依次后移*/
  for(k= L->last;k>= i- 1;k- - )
  L->elem[k+ 1]= L->elem[k];
  L->elem[i- 1]= e;//插入
  L->last+ + ;
  return OK;
} //InsertList()函数结束
```

4）删除元素

删除表 L 中位置 i 上的元素，删除成功返回 1，删除不成功返回 0，并将被删除元素返回调用函数。

【原理】要完成删除运算的函数定义，同样要弄清两个关键问题：第一，删除不成功有哪几种可能？第二，若删除成功，则删除之前和删除之后，顺序表的状态发生了什么改变，是如何改变的？这里共有三个参数，SeqList 指针型变量 L，表示位置的整型变量 i，以及返回被删除元素的 ElemType 指针型变量 e。

删除元素的 C 语言程序如下：

```
int DeleteList(SeqList * L , int i, ElemType * e)
{
  int k;
  if(i<1 || i>L->last+ 1)
  {
    printf("删除位置不合法! \n");
    return ERROR;
  }
  if(L->last= = - 1)
```

```
{
    printf("表空,无法删除! \n");
    return ERROR;
}
* e= L->elem[i- 1];   //将被删除元素返回
```

/* 移位：顺序表元素的删除是没有办法做到将这个元素移除的，实际上是通过用新元素覆盖的方式来实现删除的。另外，通过移位还可以保证逻辑上相邻的数据元素，其存储位置也相邻 */

```
    for(k= i; k<= L->last;k+ + )
    L->elem[k- 1]= L->elem[k];
    L->last- - ; //表长减少
    return OK;
} //DeleteList()函数结束
```

5）查找元素

【原理】在表中查找元素分为按位置查找和按元素值查找。在顺序表中按位置查找元素非常容易实现，因为表中位置为 i 的元素就是存储在数组 elem 中的下标为 $i-1$ 的元素。对于按元素值查找，查找成功，则返回该元素在表中的位置，查找不成功，则返回 0。在参数的选择上，只需要使用 SeqList 指针型变量即可。

查找元素的 C 语言程序如下：

```
int  LocateList(SeqList L,ElemType e)
{
    int k;
    for(k= 0; k<= L.last; k+ + )
    {
        if (e= = L.elem[k]) return k+ 1;
    }
    return 0;
} //LocateList()函数结束
```

6）表的遍历

【原理】顺序表的遍历就是依次将表中的元素输出的过程。而表中的元素是存储在数组 L. elem 中的，因此遍历的过程就是将数组中下标为 0～L. last 的数据依次输出的过程。

顺序表遍历的 C 语言程序如下：

```
void OutputList(SeqList L)
{
    int i;
    if(L.last= = - 1)
    {
    printf("表空! \n");
    return ;
    }
```

```
printf("\n 表中的元素为:");
for(i= 0;i<= L.last;i+ + )
  printf("% 5d ",L.elem[i]);
printf("\n");
}
```

7)主控菜单及主函数调试程序

在对菜单的设计中,要为每一个操作设置一个操作代码,并将操作与代码的对应关系在用户屏幕上提示,依据用户输入的代码来调用与代码对应的操作函数。

操作代码设置的 C 语言程序如下:

```
int main()
{
  SeqList   L;//定义一个顺序表 L
  InitList(&L);//初始化表 L
  CreateList(&L);//创建一张顺序表 L
  int choice= 0, i, pos;
  ElemType e;
  While(1)
  {
  printf("\n1 浏览表中数据\n");
  printf("\n2 插入元素\n");
  printf("\n3 删除元素\n");
  printf("\n4 查找元素\n");
  printf("\n0 退出\n");
  printf("请输入您的选择……");
  scanf("%d",&choice);
  if(choice= = 0) return 0;
  switch(choice)
  {
    case 1:OutputList(L);break;
    case 2:printf("输入要插入的元素,插入位置:");
          scanf("%d,%d",&e,&i);
          if(InsertList(&L,i,e)= = 1)
          printf("插入成功!");
          break;
    case 3:printf("输入要删除元素的位置:");
          scanf("%d",&i);
          if(DeleteList(&L, i,&e)= = 1)
          printf("\n 删除成功,被删除元素为%d\n",e);
          break;
    case 4:printf("输入待查找的数据元素:");
          scanf("%d", &e);
```

```
            pos= LocateList(L,e);
            if(pos= = 0)printf("查找失败! \n");
            else printf("查找成功,该元素是表中的第%d个元素",pos);
            break;
        default: printf("选择错误,重新选择! \n");
        break;
        }
    }
    return 1;
} //main()函数结束
```

提取以上相关代码,得到解决问题的完整程序。

【注意】在主函数 main()中调用 CreateList(&L)时,需要把创建好的顺序表 L 返回到 main()中,所以要把子函数 CreateList(&L)中实参 L 的地址 &L 传递给形参 L(实参与形参可同名),这时形参可定义为 SeqList * L。

2.1.4 实验内容及要求

请选择并实现题①～④中的任一程序,实验完成后,提交实验报告。

①判断顺序表中的元素是否对称,对称返回 1,否则返回 0。

②把已存在的顺序表中的所有奇数排在偶数之前,即表的前面为奇数,表的后面为偶数。

③在一非递减的顺序表 L 中,删除所有值相等的多余元素。要求时间复杂度为 O(n),空间复杂度为 O(1)。

④输入整型元素序列,利用有序表插入算法建立两个非递减有序表,并把它们合并成一个非递减有序表。

2.1.5 实验总结与思考

顺序表使用一维数组存储数据,保证了逻辑上相邻的数据元素在存储空间上也是相邻的,即数据元素的下标是连续的。在对顺序表 L 进行操作的时候,就是对表结构中的两个成员,即顺序存储数据类型 SeqList 中的数组 L.elem 和表尾元素的下标 L.last 进行操作。无论做何操作,都要注意操作之前和操作之后数据间的逻辑关系是否发生了改变。如果发生了改变,要保证逻辑上相邻的数据元素在存储上仍然是相邻的。这个问题在实现对顺序表的删除操作时尤其重要,请大家注意。

在函数参数的选择中,什么时候选择指针变量,什么时候不选,是根据该函数是否需要返回多个值到调用函数来确定的。若只需要返回一个返回值,函数参数可不选指针变量,而用 return 来返回一个返回值即可。

【思考】①实验过程示例中,主调函数 main()调用 CreateList(&L)时,把实参与形参之间换成值传递会怎样?

②函数 OutputList()中形参与实参采用什么方式来传递,为什么?

2.2　线性表的链式存储基本实验

2.2.1　链式存储结构原理

用一组任意的存储单元来存放线性表的结点,这组存储单元可以是连续的,也可以是非连续的。因此,链表中结点的逻辑顺序和物理顺序不一定相同。

链表中的结点包括数据域(用来存储结点的值)和指针域(用来存储数据元素的直接后继元素的地址)。通过每个结点的指针域将线性表中 n 个结点按其逻辑顺序链接在一起的结点序列称为链表,若此链表中的每个结点只有一个指针域,则称其为线性链表或单链表。

单链表的存储结构如图 2.2 所示。

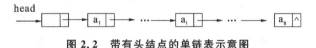

图 2.2　带有头结点的单链表示意图

单链表存储结构的 C 语言程序如下:

```
typedef struct Node
    {
ElemType data;
struct Node * next;
}Node,* LinkList;
```

其中,Node 是结构体类型,LinkList 是结构体指针类型。

2.2.2　实验目的

(1)掌握链表的概念,学会构建单链表,以及对单链表进行插入、删除、查找等操作。

(2)深入理解链式存储结构,逐步提高解决实际问题的编程能力。

(3)学会编写菜单程序。

2.2.3　实验过程示例

【任务】开发一个单链表的基本操作程序,要求程序具备实现如下操作的功能。

①InitLinkList():单链表初始化函数。

②CreateFromHead()/CreateFromTail():头/尾部插入法创建链表函数。

③GetLinkElem():根据元素位置序号查询元素值的函数。

④LocateLinkElem():根据元素值查找元素在表中位置的函数。

⑤InsertLinkList():元素插入函数。

⑥DeleteLinkList():元素删除函数。

⑦OutputLinkList():输出单链表函数。

要求程序具有供用户选择的菜单,菜单应该包含菜单项有:浏览、插入、删除、退出等。

1)单链表的初始化

【原理】带有头结点的单链表的初始化是一个从无到有的过程,这里的从无到有,是指头指针从不指向任何结点到指向头结点的过程。函数的返回值类型为 void。由于要将从无到有的头指针的状态返回,因此需要使用 LinkList 结构体指针型变量作为参数。

单链表初始化的 C 语言程序如下:

```
void InitLinkList(LinkList * H)
{
    (* H)= (Node* )malloc(sizeof(Node));    //申请结点内存空间
    (* H)->next= NULL;        //指针域为空
}
```

2)创建单链表

【原理】单链表的创建过程是将各数据元素结点按照它们之间的逻辑关系链接为一个单链表的过程。其主要操作为申请结点空间以存储数据元素,以及完成逻辑关系的建立。有两种实现方法,一是头部插入法,二是尾部插入法。函数的参数为单链表的头指针。虽然在创建的过程中,链表的状态已经从空链表变为非空链表,但是头指针的状态没有发生任何变化,因此,函数的参数为 LinkList 类型变量。

①头部插入法:依次将新结点插入线性链表的头结点之后。

头部插入法创建单链表的 C 语言程序如下:

```
void CreateFromHead(LinkList H)
{
    ElemType e;
    Node * s;
    int flag= 1;
    printf("输入表中的数据元素,输入- 100 结束! \n");
    /*没有指定链表的长度,输入的数据元素为- 100 时,链表的建立结束* /
    while(flag)
    {
        scanf("%d",&e);    //输入数据
        if(e= = - 100) flag= 0;    //如果输入- 100,结束!
        else
        {
            s= (Node* )malloc(sizeof(Node));    //申请新结点空间
            s->data= e;    //将刚输入的数据存放到新结点中
            s->next= H->next;    //原头结点的直接后继成为新结点的直接后继
            H->next= s;    //新结点成为头结点的直接后继
        }
    } //while 语句结束
} //CreateFromHead()函数结束
```

②尾部插入法:依次将新结点插入线性链表的尾结点之后。

尾部插入法创建单链表的 C 语言程序如下:

```
void CreateFromTail(LinkList H)
{
  Node * s,* r;
  int flag= 1;
  r= H;//尾结点指针 r 的初始值
  printf("输入表中的数据元素,输入- 100结束! \n");
  while(flag)
  {
    scanf("%d",&e);
    if(e= = - 100)flag= 0;
    else
    {
      s= (Node* )malloc(sizeof(Node));
      s->data= e;
      r->next= s;
      r= s;
    }
  } //while 语句结束
  r->next= NULL;
} //CreateFromTail()函数结束
```

3)按位置查找

查找单链表中的第 i 个元素,查找成功,则返回该元素结点的地址,否则返回 NULL。

【原理】首元结点是第 1 个结点,从首元结点开始,沿着单链表依次查找第 i 个结点。

按位置查找的 C 语言程序如下:

```
LinkList GetLinkElem(LinkList H , int i)
{
  Node * p;
  int k;
  p= H->next;   //p 指向首元结点
  k= 1;
  while(p! = NULL && k<i)
  {
    p= p->next;   //p 指针后移到下一个结点
    k+ + ;
  }
  return p;
} //GetLinkElem()函数结束
```

4)按内容查找

查找单链表 H 中是否有元素值为 e 的结点,如果有,则返回该结点地址,否则返回 NULL。

【原理】从首元结点开始,通过比较进行查找。

按内容查找的 C 语言程序如下:

```
LinkList LocateLinkElem(LinkList H, ElemType e)
{
  Node * p;
  p= H->next;
  while(p! = NULL&&p->data! = e) p= p->next;
  return p;
}
```

5) 插入元素

在单链表 H 的位置 i 上插入元素 e,插入成功,则返回 1,插入不成功,则返回 0。

【原理】在单链表的位置 i 插入新结点,如插入成功,则被插入的新结点为第 i 个结点,是第 i−1 个结点的后继,而原来的第 i 个结点将成为新插入结点的后继。也就是说,涉及链接关系修改的结点就是第 i 个结点的前驱结点,也就是第 i−1 个结点和新结点。所以,首先查找第 i−1 个结点。

插入元素的 C 语言程序如下:

```
int InsertLinkList(LinkList H, int i, ElemType e)
{
  Node * s,* pre;
  int k;
  pre= H;k= 0;   // 要查找的是第 i 个结点的前驱,从头结点开始查找
  while(pre! = NULL && k<i- 1)   //查找第 i- 1 个结点
  {
    pre= pre->next;
    k+ + ;
  }
  if(pre= = NULL) return ERROR;
  else
  {
    s= (Node* )malloc(sizeof(Node));
    s->data= e;
    s->next= pre->next;   //原第 i 个结点成为新结点 s 的后继
    pre->next= s;   //新结点成为第 i- 1 个结点的新后继
    return OK;
  }
} //InsertLinkList()函数结束
```

6) 删除元素

删除单链表 H 中的第 i 个结点,删除成功,则返回 1,删除不成功,则返回 0,并将被删除结点值返回。

【原理】被删除的结点是第 i 个结点,如果删除成功,则第 i−1 个结点的后继将变为原

第 i+1 个结点,即第 i-1 个结点的后继逻辑关系有变化。所以先查找第 i-1 个结点。

删除元素的 C 语言程序如下:

```
int DeleteLinkList(LinkList H, int i, ElemType * e)
{
  int k;
  Node * pre,* s;
  pre= H;k= 0;
  while(pre! = NULL && k<i- 1) //查找第 i- 1 个结点
  {
    pre= pre->next;
    k+ + ;
  }
  if(pre= = NULL) return ERROR;
  s= pre->next; //s 是第 i 个结点
  * e= s->data;
  pre->next= s->next;  // 删除第 i 个结点
  free(s);
  return OK;
}
```

7)表的遍历

【原理】单链表的遍历就是从首元结点开始,依次输出各个结点的数据元素的值,直到最后一个结点。

表的遍历的 C 语言程序如下:

```
void OutputLinkList(LinkList H)
{
  Node * p;
  p= H->next;
  printf("H->");
  while(p! = NULL)
  {
    printf("%d->",p->data);
    p= p->next;
  }
  printf("NULL\n");
}
```

8)主控菜单及主函数调试程序

主函数给出了对创建链表、插入、删除、输出链表基本操作的处理及测试过程,其他基本操作可以此为参照。menu_select()函数的输入选择用变量 sn 存储,它作为 menu_select()函数的返回值提供给主函数中的 switch 语句。主函数 main()使用 for 循环实现重复选择。

主控菜单的 C 语言程序如下：

```
void main()
{
  LinkList L;
  int i;
  ElemType e;
  InitLinkList(&L);
  for(;;) {
  switch(menu_select())
  {
  case 1:
    printf("\n 单链表的建立");
    printf("请输入链表中结点的值(如:1,2,3,...,10,0 is end):\n");
    CreateFromHead(L);
    break;
  case 2:
    printf("链表结点的删除\n");
    printf("请输入被删除结点的序号 i:");
    scanf("%d",&i);
    DeleteLinkList(L,i);
    printf("\n");
    break;
  case 3:
    printf("链表结点的插入\n");
    printf("请输入需插入结点的位置 i 和插入的元素值:");
    scanf("%d,%d",&i,&e);
    InsertLinkList(L,i,e);
    printf("\n");
    break;
  case 4:
    printf("输出链表中结点的值: ");
    OutputLinkList(L);
    printf("\n");
    break;
  case 0:
    printf("再见\n");
    return;
  } //switch 语句结束
  }
} //main()函数结束
```

菜单子函数 menu_select() 的 C 语言程序如下：

```
int menu_select()
{
    int sn;
    printf("\n");
    printf("    主菜单\n");
    printf("* * * * * * * * * * * * * * * * * * * \n");
    printf("  1.单链表的建立\n");
    printf("  2.单链表的结点的删除\n");
    printf("  3.单链表的结点的插入\n");
    printf("  4.单链表的输出\n");
    printf("  0.退  出  \n");
    printf("* * * * * * * * * * * * * * * * * * * \n");
    printf("  请选择 0— —4:");
    for(;;)
    {
      scanf("%d",&sn);
      if(sn<0||sn>4)
        printf("\n\t输入错误,重选! 0— —4:");
      else
        break;
    }
    return sn;
}
```

对于 sn 输入值,在 switch 中 case 语句对应数字 0～4,对于不符合要求的输入,提示"输入错误"并要求重新输入。将该函数与主函数合在一起,编译运行程序。

2.2.4　实验内容及要求

请选择并实现题①～④中的任两个程序,及题⑤～⑥中的任一程序,实验完成后,提交实验报告。

①在单向链表 L 中查找值为 key 的结点,若找到,则返回该结点在链表中的序号。

②删除单链表 L(L 中元素值各不相同)的最大值所对应的结点,并返回该值。

③假设单链表 L 中存储的都是整型数据,试写出实现下列运算的算法:①求链表的结点个数;ⅱ求所有整数的平均值。

④把单链表中的元素逆置(不允许申请新的结点空间)。

⑤假设存在两个按元素值递增排列的线性表 A 和 B,均以单链表作为存储结构。请编写算法,将表 A 和表 B 合并成一个按元素值递减排列的线性表 C,并要求利用原表结点空间存放表 C。

⑥设计一个算法,将一个头结点指针为 A 的单链表(其数据域为整数)分解为两个单链表 A 和 B,使得链表 A 只含有原链表 A 中数据域为奇数的结点,而链表 B 只含有原链表 A 中数据域为偶数的结点,且保持原来的相对顺序。

【部分参考答案】

⑤结果链表 LC 与原链表 LA、LB 的顺序相反,因此采用头插法来产生新链表 LC。
设指针变量 pa、pb 分别用于扫描原链表 LA、LB,具体算法实现如下:

```
LinkList  MergeLink (LinkList LA, LinkList LB)
/*将递增排列的单链表 LA 和 LB 合并成一个递减排列的单链表,头指针为 LC*/
{
  Node * pa,* pb,* p,* q;
  LinkList LC;
    pa= LA->next; pb= LB->next;LC= LA;
    free(LB);
    LA->next= NULL;
    while (pa&&pb)
     {
       if (pa->data<= pb->data)
         { q= pa->next;   //指针 q 指向当前结点的下一结点
           pa->next= LC->next;
           LC->next= pa;
           pa= q;    //pa 指向链表的下一结点
         }
       else
       { q= pb->next;    //指针 q 指向当前结点的下一结点
         pb->next= LC->next;
         LC->next= pb;   //pa 指向链表的下一结点
         pb= q;
         }
       } //while 语句结束
  if (pa)   p= pa;   //若表 LA 未完,则将后续元素逆置链接到新表
  else      p= pb;
  while(p! = NULL)
     {q= p->next;
      p->next= LC->next;
      LC->next= p;
      p= q;
   }
   return(LC);
   } //MergeLink()函数结束
```

⑥把原链表中值为奇数的结点用尾插法插入到链表 A 中,值为偶数的结点用尾插法
插入到链表 B 中。设指针 ra、rb 分别指向链表 A 和 B 的尾结点。具体算法描述如下:

```
void split(LinkList A,LinkList B)
{
    p= A->next,* ra,* rb;
```

```
        ra= A;
        B= (LinkList * )malloc(sizeof(LinkList));       //链表 B 的头结点
        B->next= NULL;
        rb= B;
        while (p! = NULL)
         {
         if (p->data%2= = 1)
        {   ra->next= p;
          ra= p;
          }
          else
           {rb->next= p;
          rb= p;
          }
           p= p->next;
        }
      ra->next= rb->next= NULL;
    } //split()函数结束
```

【思考】该函数中的两个形参 A、B 为什么是指针变量？

2.2.5 实验总结与思考

除了可以用头插法与尾插法建立链表外，还可以应用其思想解决应用问题。例如第 2.2.4 节的第⑤题可利用头插法的思想来解决，而第⑥题可利用尾插法的思想来解决。读者还可列举头插法和尾插法的其他应用实例。

在链表操作中，经常从头结点开始，通过 p＝p—>next 并辅以计数器来查找链表中某一结点的位置和求链表长度。在对链表进行插入、删除等操作时，始终需要维持当前指针 p 与其前驱指针 pre 的关系。读者在实验过程中应学会使用这个技术来解决问题。

2.3 线性表的应用综合实验

2.3.1 实验目的

利用学过的线性表的基本知识完成线性表的简单应用，重点训练线性表的顺序存储和链式存储。

2.3.2 实验过程示例

【任务】开发一个一元多项式的运算程序。该程序要具备的操作有：多项式的创建和输出、多项式的相加和相乘等。菜单选项为：多项式输出、多项式相加、多项式相乘以及退出。

对于一个一元多项式 $f(x)＝a_m x^m＋a_{m-1} x^{m-1}＋\cdots＋a_1 x＋a_0$ 而言，系数和指数共同确定该一元多项式的一个项。因此数据的结构应该定义为如下形式：

```
typedef struct
{
    float coef; //系数
    int exp;   //指数
}Term;
```

由于不同的多项式的项数是不确定的,且在多项式运算的实现中,数据的插入和删除运算比较频繁,因此采用链式存储结构较好。这里选用带有头结点的单链表进行存储。结点结构定义如下:

```
typedef Term ElemType; // 结点中的数据域类型
typedef struct Node
{
    ElemType data;
    struct Node * next;
}PNode, * PLinkList;
```

1)初始化函数

首先创建多项式链表空表,程序如下:

```
void InitPolynomial(PLinkList * L)
{
    (* L)= (PNode* )malloc(sizeof(PNode));
    (* L)->next= NULL;
}
```

2)多项式链表的创建

为了方便多项式的计算,以指数递增的方式创建多项式。如果以指数递减的方式输入多项式,则采用头插入法来创建一元多项式的单链表存储结构。

创建链表的C语言程序如下:

```
void CreatePolynomial(PLinkList L)
{
    int i,m;
    PNode * s;
    float c; int e;
    printf("输入该多项式的项数:");
    scanf("%d",&m);
    printf("按指数从高到低的顺序输入多项式第%d项的系数,指数\n",m);
    i= 1;
    while(i<= m)
    {
        scanf("%f,%d",&c,&e);
        s= (PNode* )malloc(sizeof(PNode));
        s->data.coef= c;
        s->data.exp= e;
```

```
    s->next= L->next;
    L->next= s;
    i+ + ;
    }
} //CreatePolynomial()函数结束
```

3) 多项式单链表的销毁

```
void DestroyPolynomial(PLinkList L)
{
    PNode * p;
    p= L->next;
    while(p)
    {
      L->next= p->next;
      free(p);
      p= L->next;
    }
    free(L);
}
```

4) 多项式的输出

多项式的输出的 C 语言程序如下：

```
void OutputPolynomial(PLinkList L)
{
    PNode * p;
    char ch= '+';
    if(L- > next== NULL) printf("NULL Polynomiall\n");
    p= L->next;
    printf("\n");
    while(p! = NULL)
    {
    if(p==L->next||p->data.coef<0)
        printf("%.ofx^%d",p->data.coef,p->data.exp);
    else
        printf("% c% .ofx^%d",ch,p->data.coef,p->data.exp);
    p= p->next;
    }
    printf("\n\n");
} //OutputPolynomial()函数结束
```

5) 多项式的加法运算

多项式的加法运算的原理是合并同类项，为了更好地实现这个过程，首先定义一个函数，就是在多项式有序表中插入项，并保证插入后线性表仍然有序的函数 OrderListInsert()。如果插入项的指数在原来的表中已经存在，则将该项的系数与表中那项的系数合并相加。

多项式的加法运算的 C 语言程序如下：

```
void OrderListInsert(PLinkList L, ElemType t)
{
    PNode * p,* s,* q;
    int flag= 1;
    q= L;
    p= L->next;
    if(L- > next= = NULL)  flag= 0;  /* L 为空表的情况 * /
    while(p)
    {
        if(t.exp>p->data.exp){ q= p; p= p->next;flag= 0;}
        else if(t.exp= = p->data.exp)
        {
            p-> data.coef+ = t.coef;  /* 合并同类项 * /
        if(p-> data.coef= = 0)  /* 删除系数为 0 的项 * /
        {
        q-> next= p-> next;;
        free(p);
        p= q-> next;
         }
        flag= 1;  break;
        }
        else {  flag= 0;  break;       }
        }//while 语句结束
     /* 添加新的项 * /
    if(flag= = 0)
    {
    s= (PNode* )malloc(sizeof(PNode));
      s->data.coef= t.coef;
      s->data.exp= t.exp;
      s->next= p;
    q->next= s;
    }
        }//OrderListInsert()函数结束
```

有了 OrderListInsert()函数,两个多项式 La 和 Lb 的和运算就可以转化为依次将 Lb 中的项结点插入到 La 中的过程。

加法运算的 C 语言程序如下：

```
void AddPolynomial(PLinkList La, PLinkList Lb) //多项式 La 和 Lb 的和
    {
    //操作结果 La= La+ Lb
    PNode * pb;
```

```
        pb= Lb->next;
    while(pb)
    {
      OrderListInsert(La, pb->data);
       pb= pb->next;
      }
    DestroyPolynomial(Lb);
    }
```

6）多项式的乘法运算

将多项式 La 中的每一项和 Lb 中的所有项相乘，仍然利用函数 OrderListInsert（），把每一次相乘的结果插入到多项式 Lc 中。

多项式的乘法运算的 C 语言程序如下：

```
    void MultiplyPolynomial(PLinkList La, PLinkList Lb,PLinkList * Lc)
    {
      //操作结果 Lc= La⁺ Lb
      PNode * pa,* pb;
      ElemType e;
       InitPolynomial(Lc);
        pa= La->next;
         while(pa)
         {
           pb= Lb->next;
           while(pb)
           {
           e.coef= pa->data.coef* pb->data.coef;
           e.exp= pa->data.exp+ pb->data.exp;
           OrderListInsert(* Lc,e);
           pb= pb->next;
           }
           pa= pa->next;
         }
        DestroyPolynomial(Lb); //销毁表 Lb
        DestroyPolynomial(La);
      } //MultiplyPolynomial()函数结束
```

7）主函数及菜单函数

该程序的编写参照第 2.2.3 节。

2.3.3　实验内容及要求

请选择并实现题①～⑤中的任一程序。

①约瑟夫环问题：编号为 1,2,…,n 的 n 个人按顺时针方向围坐一圈，从第一个人开始，传递一个热马铃薯，在 m 次传递后，拥有热马铃薯的人离开圈子，圈缩小，游戏继续，

剩下的人捡起马铃薯继续传递,最后留下的人获胜。其中,m 是一个常数。编程实现上述过程,输出离开队列的顺序。提示:可用顺序表或循环链表实现,两种实现方式可任选一种。

②假设 A 和 B 为两集合,编程实现输出 A 与 B 的交集。要求用顺序表和单链表实现,两种存储方式都要实现。

③利用带头结点的单链表来表示一元多项式,试编写一个算法,实现以下要求：ⅰ.计算一元多项式在 x 处的值;ⅱ.计算两个一元多项式相减,并按指数升幂输出结果多项式。

④对于一个字符串中的任意个子序列,若子序列中各字符值均相同,则该子序列称为字符平台。编写一个算法,输入任意字符串 S,输出 S 中长度最大的所有字符平台的起始位置及所含字符。注意,最大字符平台有可能不止一个。例如:字符串 aabcbbbbdccccaaa 的最大字符平台有 bbbb 和 cccc。

⑤练习字符串匹配算法,要求按规定的数据结构存储字符串,找出模式串在主串中的位置。

【部分参考答案】

①利用单向循环链表来模拟此过程。

其 C 语言程序如下:

```
#  include <stdio.h>
#  include <stdlib.h>
//循环链表存储结构定义
typedef   struct Node{
  int index,key;      //index 是编号,key 是密码
  struct Node * next;
}ListNode;
typedef ListNode *  LinkList;

//建立单循环链表函数
LinkList InitRing(int n,LinkList R)
{ ListNode * p,* q;
  int i,key;
  R= q= (ListNode * )malloc(sizeof(ListNode));
  printf("请输入每个人的密码:");
  for(i= 1;i<= n;i+ + )
    {
    scanf("%d,",&key);
    p= (ListNode * )malloc(sizeof(ListNode));
    p->index= i;
    p->key= key;
    q->next= p;
    q= p;
    }
  p->next= R;
  return R;
```

```
}
//生者与死者选择函数
void DeleteDeath(int n,int m,LinkList R)
{
  int  i;
  ListNode *p,*pre;
  pre= R;
  p= R->next;

  while (R->next! = R)
  { i= 0;
    while (i<m- 1)        //沿链前进 m 步
   {
    if (p! = R) i+ + ;
    pre= p;
    p= p->next;
   }
   if (p== R)
  {   pre= p;
     p= p->next;
   }

  m= p->key;
  pre->next= p->next;        //p 为被删除结点
  printf("% 4d",p->index);
   free(p);
  p= pre->next;
 }
printf("\n");

 }

void main( )
{
  LinkList  R;
  int  n,m;
  printf("总人数 n,报数上限 m\n");
  scanf("% d,% d",&n,&m);
  R= InitRing(n,R);
  printf("出列的人的位序:\n");
  DeleteDeath(n,m,R);

 }
```

第3章 栈和队列

栈和队列是两种重要的数据结构,也是两种特殊的线性结构。从数据的逻辑结构角度看,栈和队列是线性表;从操作的角度看,栈和队列的基本操作是线性表操作的子集,是操作受限制的线性表。

3.1 栈的操作基本实验

3.1.1 栈的存储原理

栈是运算受限的线性表,要求插入和删除均在表的一端进行,因此它用一个标志量 top 标识当前待插入或者待删除的位置,称为栈顶。

1)栈的顺序存储结构

栈的顺序存储结构(简称"顺序栈")利用一组连续的存储单元依次存放自栈底到栈顶的数据元素,同时附设 top 指示栈顶元素在顺序栈中的位置。栈的顺序存储结构示意图如图 3.1 所示。

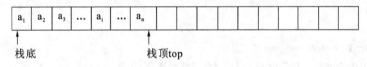

图 3.1 栈的顺序存储

栈的顺序存储结构的 C 语言程序如下:

```
# define Stack_Size 50;          /*存储空间初始分配量*/
typedef struct                    /*顺序栈存储结构定义*/
{
  StackElementType   elem[Stack_Size];
                                  /* 用来存放栈中元素的一维数组*/
    int   top;                    /*栈顶下标指示,top为- 1表示空栈*/
} SeqStack ;                      /*顺序栈的类型名*/
```

2)栈的链式存储结构

和单链表类似,由于栈的插入和删除操作仅限制在表头位置进行,所以就将链表的表头指针作为栈顶指针。链的链式存储结构简称"链式栈"示意图如图 3.2 所示。

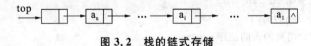

图 3.2 栈的链式存储

栈的链式存储结构的 C 语言程序如下:

```
typedef struct Node {
```

```
StackElementType   data; /*数据域*/
struct Node *next;   /*指针域*/
} LinkStackNode ,* LinkStack;  /*链式栈的类型名*/
```

相关基本操作有:栈的初始化 InitStack(&S)、判栈空 IsEmpty(S)、压栈 Push(&S, x)、出栈 Pop(&S,&x)和读栈顶 GetTop(&S,&x)。

3.1.2 实验目的

(1)熟悉栈及其相关基本操作。

(2)利用栈基本运算完成栈的简单应用,逐步培养解决实际问题的编程能力。

3.1.3 实验过程示例

【任务】开发一个顺序栈的基本操作程序,要求程序具备实现如下操作的功能。

①InitStack():顺序栈初始化函数。

②Push():顺序栈入栈函数。

③Pop():顺序栈出栈函数。

④Output():输出栈顶至栈底的元素的函数。

要求程序具有供用户选择的菜单,菜单应该包含的菜单项有:入栈、出栈、输出栈顶至栈底的元素、退出等。

1)顺序栈的初始化

【原理】构造一个空的顺序栈。空顺序栈的状态为栈顶与栈底重合。栈底的位置可以为-1,也可以为 Stack_Size。通常选择-1 作为栈底的位置。

顺序栈初始化的 C 语言程序如下:

```
void InitStack (SeqStack * S)
{
  S->top= - 1;
} //InitStack()函数结束
```

2)入栈

入栈成功返回 1,否则返回 0。

【原理】入栈相当于在顺序表的表尾插入元素,而栈顶指向的是栈顶元素的位置,所以插入的位置应该为栈顶的下一个位置。

入栈的 C 语言程序如下:

```
int Push(SeqStack * S,StackElementType x)
{
  if(S->top= = Stack_Size- 1) return FALSE;  /*栈满,返回 0*/
  S->top+ + ;
  S->elem[S->top]= x;
  return TRUE;
}
```

【思考】形参 S 为什么是 SeqStack 型的指针变量？ S 变成 SeqStack 型的非指针变量会带来什么结果？

3）出栈

出栈成功返回 1，并返回出栈的元素，否则返回 0。

【原理】顺序栈的出栈操作等同于顺序表中删除表尾元素的过程。出栈并不能将元素真正从数组中删除，而是通过移动栈顶位置（在顺序表中是移动表尾位置）来实现。

出栈的 C 语言程序如下：

```
int Pop(SeqStack * S, StackElementType * x)
{
    if(S->top== - 1)   return FALSE;   //栈空,返回 0
    else
    {
    *x= S->elem[S->top];
    S->top-- ;
    return TRUE;
    }
} //Pop()函数结束
```

【思考】该函数中的形参 S 和 x 为什么都是指针变量？

4）输出栈顶至栈底的元素

输出栈顶至栈底的元素的 C 语言程序如下：

```
void Output(SeqStack *S)
{
    int i;
    i= S->top;
    while(i>= 0)
    {
        printf("%d ",S->elem[i]);
        i-- ;
    }
} //Output()函数结束
```

5）菜单

菜单的 C 语言程序如下：

```
int menu_select()
{
    int sn;
    printf("    栈的基本操作    \n");
    printf("=====================\n");
    printf("  1.栈的建立        \n");
    printf("  2.元素进栈        \n");
```

```
printf("   3.元素出栈        \n");
printf("   4.输出栈顶至栈底的元素\n");
printf("   0.退出以上操作       \n");
printf("======================\n");
printf("  请选择 0--4 ");
for(;;)
{
scanf("%d",&sn);
if(sn<0||sn>4)
    printf("\n\输入错误,重选 0--4 ");
else
    break;
}
return sn;
}
```

6)主控程序

主控程序的 C 语言程序如下：

```
//存储结构定义及库文件
# include <stdio.h>
# include <stdlib.h>
# define Stack_Size 50
# define TRUE 1
# define FALSE 0
typedef int StackElementType;
typedef struct
{
  StackElementType elem[Stack_Size];
   int top;
}SeqStack;
//以下是菜单选择函数,主控菜单处理调试程序
  void main( )
  {
SeqStack S;
int x;int e;
for(;;) {
   switch(menu_select())
   {
      case 1:
         printf("已建立空栈\n");
         InitStack(&S);
```

```
        break;
    case 2:
        printf("请输入压入栈中元素,每次输入只能让一个元素入栈:");
        scanf("%d",&x);
        if( Push(&S,x)) printf("元素已压入栈\n");
        else printf("栈满\n");
        break;
    case 3:
        if(Pop(&S,&e)) printf("栈顶元素%d出栈\n",e);
        else printf("栈空");
        break;
    case 4:
        printf("当前栈顶到栈底元素是:");
        Output(&S);
        printf("\n");
        break;
    case 0 :
        printf("再见\n");
        return;
    } //switch 语句结束
  } //for 语句结束
  return;
} //main()函数结束
```

3.1.4　实验内容及要求

请选择并实现题①～③中的任一程序,实验完成后,提交实验报告。

①两个栈共享一片连续存储空间的入栈、出栈操作。

②回文判断。定义正读与反读都相同的字符序列为"回文"序列。试写一个算法,判断依次读入的一个以"@"为结束符的字母序列是否为形如"序列1&序列2"模式的字符序列。其中序列1和序列2中都不含字符"&",且序列2是序列1的逆序列。例如"a+b&b+a"是属于该模式的字符序列,而"1+3&3-1"则不是。

③表达式中括号匹配问题。假设表达式中包含三种括号:圆括号、方括号和花括号,它们可互相嵌套,如:表达式{a+[325*(c-d)*a+200]+(pi+f)/2+238}中的括号是匹配的。而表达式[a>b)&&(x>y)中的括号是不匹配的。编程判定表达式中的括号是否匹配。

3.1.5　实验总结与思考

顺序栈在初始化的时候,既可以将数组下标为-1的这一端作为栈底端,也可以将数组下标为Stack_Size的这一端作为栈底端。

【思考】①如果将数组下标为 Stack_Size 的这一端作为栈底端，请说明初始化栈、入栈、出栈、取栈顶元素、判栈空等操作与第 3.1.3 节中相同的操作在实现上的区别。

②回答第 3.1.3 节中的思考问题。

3.2　队列的操作基本实验

3.2.1　队列存储原理

1）循环队列

循环队列是进行顺序存储时，为了避免"假溢出"现象的发生，在进行队列入队和出队操作时做了技术处理的队列。由于队列的插入和删除分别在两端进行，因此用 front 表示队头位置，用 rear 表示队尾位置。当循环队列非空的时候，front 指向队首元素的位置，rear 指向队尾元素所在位置的下一个位置。

循环队列结构示意图如图 3.3 所示。

循环队列结构的 C 语言程序如下：

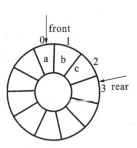

图 3.3　循环队列的存储

```
# define Queue_Size 50
typedef int QElemType;
typedef struct
{
    QElemType elem[Queue_Size];
    int front, rear;
}SeqQueue;
```

SeqQueue 是循环队列数据类型，每一个该类型的变量就是一个循环队列变量。

2）链队列

链队列是队列的链式存储结构，与单链表相比，除头指针外，多了一个指向队尾的指针。链队列的存储结构示意图如图 3.4 所示。

图 3.4　链队列示意图

链队列结构的 C 语言程序如下：

```
typedef int QueueElemType;
typedef struct Node {
    QueueElemType    data;        /* 数据域*/
    struct  Node    * next;        /* 指针域*/
} LinkQueueNode ;    /* 链队列结点的类型名*/
typedef struct
{ LinkQueueNode  * front;
  LinkQueueNode  * rear;
```

```
}LinkQueue;
```

3.2.2 实验目的

(1)熟悉队列的定义和它们的基本操作。

(2)用队列的基本运算完成队列的简单应用,逐步培养解决实际问题的编程能力。

3.2.3 实验过程示例

【任务】开发一个循环队列的基本操作程序,要求程序具备实现如下操作的功能。

①InitSeqQueue():循环队列初始化函数。

②EnQueue():循环队列入队函数。

③DeQueue():循环队列出队函数。

④GetHead():取循环队列队首元素函数。

⑤QueueIsEmpty():循环队列判空函数。

要求程序具有供用户选择的菜单,菜单应该包含的菜单项有:入队、出队、取队首元素、退出等。

1)循环队列的初始化

【原理】构造一个空的循环队列。初始的时候,循环队列队头标志 front 和队尾标志 rear 的值都定义为 0。

构造空循环队列的 C 语言程序如下:

```
void InitSeqQueue(SeqQueue * Q)
{
    Q->front=Q->rear=0;
} //InitSeqQueue()函数结束
```

2)入队

入队成功返回 1,否则返回 0。

【原理】队列的插入运算只与队尾有关,与之前讨论的顺序表的插入类似。最主要的是,当队尾指针 rear 已经位于位置 Queue_Size－1 的时候,在入队成功后,让 rear 的值变为 0,采取的方式是让 rear 增加一个单位后再对 Queue_Size 进行取余数的运算。

入队的 C 语言程序如下:

```
int EnQueue(SeqQueue * Q , QElemType e)
{
    if((Q->rear+ 1)%Queue_Size==Q->front)
    {
    printf("队满! \n");
    return ERROR;
    }
    Q->elem[Q->rear]=e;    //将入队元素存入队尾指针所在位置
    Q->rear=(Q->rear+ 1)%Queue_Size;    //后移队尾指针
    return OK;
```

```
        }
```

3）出队

出队成功返回 1,否则返回 0,同时还需要将出队元素返回。

【原理】首先判断队列是否为空。出队的操作只与队头有关,当有元素出队的时候,队头 front 指针后移一位。与入队操作类似,让 front 增加一个单位后再对 Queue_Size 进行取余数的运算。

出队的 C 语言程序如下:

```
int DeQueue(SeqQueue * Q, QElemType * e)
{
  if(Q->front==Q->rear)
  {
    printf("队列空! \n");
    return ERROR;
  }
  * e=Q->elem[Q->front]; //获取出队元素
  Q->front=(Q->front+ 1)%Queue_Size;
  return OK;
}
```

其他函数及主调函数编写请读者参照第 3.1.3 节的 5)自己完成。

3.2.4 实验内容及要求

请选择并实现题①~③中的任一程序,实验完成后,提交实验报告。

①以带头结点的循环链表表示队列,并且只设一个指针 rear 指向队尾结点,不设头指针,请用 C 语言实现相应的队列初始化、出入队列的算法。

②利用队列打印如下杨辉三角形。

```
              1
            1   1
          1   2   1
        1   3   3   1
      1   4   6   4   1
    1   5  10  10   5   1
  1   6  15  20  15   6   1
```

③模拟患者医院看病过程。患者在医院看病的过程是,先排队等候,再看病治疗。在排队的过程中主要做两件事情,一是患者到达诊室时,将病历交给护士,排到等候队列中候诊;二是护士从等候队列中取出下一个患者的病历,该患者进入诊室看病。解决这个问题会用到队列,可选择循环队列或链队列。

3.2.5 实验总结与思考

上面的循环队列是通过占用一个单位的存储空间来区分队列空和对列满的情况的。若要求循环队列的空间全部能得到利用,可设置一个标志量 tag,以 tag 为 0 或 1 来区分头尾指针相同时的队列状态,请思考此结构下相应的入队与出队算法如何实现。

3.3 栈和队列的应用综合实验

3.3.1 实验目的

分别利用栈和队列基本运算完成栈和队列的应用,培养解决实际问题的编程能力。

3.3.2 实验过程示例

【任务】迷宫问题:把一只老鼠从一个无顶大盒子的有门入口放入,盒内设置了很多墙,对老鼠的行进方向形成了多处阻挡。盒子仅有一个出口,在出口处放置一奶酪,吸引老鼠在迷宫中寻找能到达出口的道路。设计算法寻找一条从入口到出口的通路,或得出没有通路的结论,并用 C 语言加以实现。

【原理】用二维数组 maze[m][n] 表示迷宫,如果有通路,值为 0,反之为 1。迷宫的矩阵表示见下面完整程序清单中的 maze 数组。该程序实现由迷宫入口 maze[0][0] 到迷宫出口 maze[m−1][n−1] 的一条通路,或得出没有通路的结论。

求解迷宫最直观的方法是回溯法。就是从迷宫入口 maze[0][0] 出发,沿某一个方向进行探索。若能走通,则继续前行,否则原路返回,换一个方向继续探索,直到找出所有的通路为止。

在探索的过程中,当发现某个通道的所有方向都走不通时,就需要回到上一个通道,这正好是栈的特性。因此可以用一个栈来保存经过的通道,以及已经探索的方向。每个通道可以用 8 组数据来表示。

```
const OffSets Move[8]=
{ // 北   东北   东   东南   南   西南   西   西北
  {-1,0}, {-1,1}, {0,1}, {1,1}, {1,0},{ 1,-1}, {0,-1}, {-1,-1}
};
```

除了进入的方向,每个通道必须搜索所有其他方向,为此需定义一个栈中的元素类型 Items。

```
struct Items
{
  int x,y; //坐标
  int dir; //方向
};
```

由于要找的是简单路径,同一个通道不能通过两次以上,为此需要标记每个通道是否已经在路径上了,这需要一个和迷宫的矩阵 maze 等规模的矩阵 Mark。

由于最终找到的路径存放在栈中,入口在栈底,出口在栈顶,所以从栈底到栈顶输出的就是所求的路径,见下面程序中的函数 Print()。

完整程序清单如下:

```
# define _CRT_SECURE_NO_WARNINGS
# include<stdio.h>
```

```
# include<conio.h>
# include<stdlib.h>

/*默认矩阵为 8* 8 */
const int m=8,n=8;
const int MAXSIZE=m* n;

struct OffSets
{ //迈向两个方向时的位置信息
  int a,b;
};

//迈向不同方向时的横纵偏移量
//从北开始,按顺时针方向试探
const OffSets Move[8]=
{ //  北      东北      东    东南     南     西南      西      西北
  {- 1,0},{- 1,1},{0,1},{1,1},{1,0},{1,- 1},{0,- 1},{- 1,- 1}
};

//保存每次移动的位置方向信息
struct Items
{
  int x,y; //坐标
  int dir; //方向
};

//栈的定义
typedef struct
{
  Items elem[MAXSIZE];
  int top;
}Stack;

//初始化栈
void InitStack(Stack * S)
{
  S->top=0;
}

//判断栈是否空
bool Empty(Stack * S)
{
```

```
  return (S->top==0)? true:false;
}


//入栈
void Push(Stack * S,Items it)
{
  if(S->top==MAXSIZE) return;
  S->elem[S->top].x=it.x;
  S->elem[S->top].y=it.y;
  S->elem[S->top].dir=it.dir;
  S->top+ + ;
}


//出栈
Items Pop(Stack * S)
{
  if(S->top==- 1)
  {
    printf("Stack is overflow!");
    exit(0);
  }
  S->top- - ;
  return S->elem[S->top];
}
Items GetTop(Stack * S)
{  int k;
  if(S->top==- 1)
  {
    printf("Stack is overflow!");
    exit(0);
  }
  k=S->top;
  return S->elem[k- 1];
}


//显示迈步序列
void Print(Stack * S)
{ //显示当前的路数

  printf("Step=%d\n",S->top);
  for(int i=0;i<S->top;+ + i)
  {
```

```
        printf("step:",i+ 1);
        printf("(%d,%d)",S->elem[i].x,S->elem[i].y);
        if(S->top- 1= = i)break;//避免最后一个箭头指向空点
        printf("- ->");
    }
}

bool Mark[m][n];    //Mark 矩阵,标记 maze 中的各点是否走过
//要试探的矩阵
int maze[m][n]=
{
  0,1,0,1,0,1,1,0,
  0,1,0,1,0,0,0,1,
  0,0,1,0,0,0,1,1,
  1,1,1,1,1,1,0,1,
  1,0,1,1,0,0,1,1,
  0,1,0,0,1,0,1,1,
  1,1,1,1,0,0,0,1,
  1,0,1,1,1,0,1,0
};

void Path_Try(int m,int n)
{
  Stack S;
  InitStack(&S);
  //从 (0,0)点起步
  Mark[0][0]=true;
  //从东面开始试探
  Items temp={0,0,2};
  Push(&S,temp);
  //只有栈中保存的路不空时才可继续往下试探
  //否则说明没有通路
  while(! Empty(&S))
  {
  temp=Pop(&S);
  int i=temp.x;
  int j=temp.y;
  int d=temp.dir;//沿 d 方向往前试探
  while(d<8)
  {
      int g=i+ Move[d].a;
      int h=j+ Move[d].b;
```

```
        if((g<0)||(h<0)||(g>m)||(h>n))
        d++;        //试探出界,从另一方向重新试探
        else
        {    //到达出口处,显示找到的通路
            if((i==m-1)&&(j==n-1))
              {
                  Print(&S);
                  return;
              }
      if((!maze[g][h])&&(!Mark[g][h]))    //如果(g,h)可通过并且未试探过
      {
        Mark[g][h]=true;
        temp.x=i; temp.y=j; temp.dir=d;
        Push(&S,temp);
        if ((g==m-1)||(h==n-1))    //zyz
        {
          temp.x=g; temp.y=h; temp.dir=d;
           Push(&S,temp);
        }
                i=g; j=h; d=0;    //将(g,h)作为新起点,并从北开始试探


      }
      /*换一个方向,若8个方向均不通,则回退一步(从栈顶取出父结点并根据父结点重新
试探)*/
      else d++;
      } //else 语句结束
   } //while(d<8)语句结束
   } //while(!Empty(&S))语句结束

  printf("No path in the maze! \n");
}

void main()
{
  for(int i=0;i<m;++i)
    for(int j=0;j<n;j++)
      Mark[i][j]=false;    //默认当前迷宫各点未试探过
  Path_Try(m,n);
  _getch();
}
```

3.3.3　实验内容及要求

请选择并实现题①～②中的任一程序,实验完成后,提交实验报告。

①某城市有一个火车站,铁轨铺设如图
3.5 所示。有 n 节车箱从 A 方向驶入车站,
按进站顺序编号为 1～n。判定是否能让它
们按照某种特定的顺序进入 B 方向的铁轨
并驶出车站。为了重组车箱,可以借助中转
站 C。C 是一个可以停放任意多节车厢的
车站,但由于其末端封顶,驶入 C 的车厢必
须按照相反的顺序驶出 C。即在任意时刻,
只有两种选择:A—>C,和 C—>B。

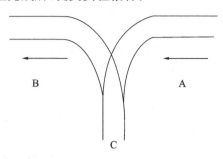

图 3.5　铁路调度栈示意图

②进制转换:输入任意一个非负十进制整数 N,将其对应的 d(d=2,8,16)进制数输
出。菜单选项为十进制转换为二进制、十进制转换为八进制、十进制转化为十六进制。

【部分参考答案】

①程序如下:

```cpp
# include <cstdio>
# include <stack>
using namespace std;
const int MAXN =1000+ 10;

int n,target[MAXN];

int main() {
  printf("please input n:");
  while(scanf("%d",&n) == 1) {
    stack<int>s;
    int A=1,B=1;
   printf("\nplease input train serials of outB_stack:");
    for (int i=1;i<=n;i+ + )
     scanf("%d",&target[i]);
    int ok=1;
    while (B<=n){
      if(A==target[B]) {A+ + ;B+ + ;}
      else if(! s.empty() && s.top()==target[B] ) { s.pop();B+ + ;}
        else if(A<=n) {s.push(A); A+ + ;}
      else {ok=0;break;}
    }
    printf("%s\n",ok?"yes":"No");
  }
  return 0;
```

```
        }
②程序如下：
    void Print(StackElemType e)
    {
      if(e>=0 && e<=9)printf("%d",e);
      else if(e>=10)printf("%c",e+ 55);
    }
    void Converse(int N,int d)  //将十进制数 N 转换为 d 进制数
    {
      SeqStack S;
      StackElemType e;
      InitSeqStack(&S); /*初始化栈 S*/
      while(N)
      {
        Push(&S,N%d); /*将 N 除以 d 的余数入栈*/
        N=N/d; /*改变被除数*/
       }
      printf("转换为%d进制的结果为:",d);
      while(! StackIsEmpty(S)) //当栈非空时
      {
        Pop(&S,&e); //弹出栈顶元素,由变量 e 返回
        Print(e);
      }
    } //Converse()函数结束
    int Menu(int N)
    {
      int choice;
      printf("1 十进制转换为二进制\n");
      printf("2 十进制转换为八进制\n");
      printf("3 十进制转换为十六进制\n");
      printf("0 退出\n");
      printf("请选择...\n");
      scanf("%d",&choice);
      if(choice==0)return 0;
      switch(choice)
      {
        case 1: Converse(N,2);break;
        case 2: Converse(N,8); break;
        case 3: Converse(N,16); break;
        default: printf("选择错误,重新选择! \n");break;
      }
      return 1;
    }
```

```
int main()
{
  int N;
  printf("输入一个非负整数:");
  scanf("%d",&N);
  while(1)
  {
    if(Menu(N)==0)break;
  }
  return 0;
}
```

第4章 数组和广义表

4.1 稀疏矩阵的操作基本实验

4.1.1 稀疏矩阵的压缩存储原理

稀疏矩阵的压缩存储,采取只存储非零元素的方法。由于稀疏矩阵中非零元素 a_{ij} 的分布没有规律,因此在存储非零元素值的同时,还必须存储该非零元素在矩阵中所处的行号和列号位置信息,这就是稀疏矩阵的三元组表示法。

三元组的结构如图 4.1 所示。

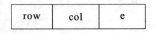

图 4.1 三元组的结构

矩阵的三元组类型定义的 C 语言程序如下:

```
# define MAXSIZE 100
typedef int ElemType;
typedef struct
{
  int row,col;
  ElemType e;
}Triple; //三元组类型定义
typedef struct
{
  Triple data[MAXSIZE+ 1];
  int m, n, len;
}TSMatrix;
```

4.1.2 实验目的

(1)掌握稀疏矩阵的三元组表示法。
(2)学会应用稀疏矩阵的三元组表示法实现稀疏矩阵的运算。

4.1.3 实验过程示例

【任务】开发一个三元组稀疏矩阵的操作程序,要求程序具备实现如下操作的功能。
①CreateTmatrix():稀疏矩阵的创建函数。
②TransposeTSMatrix():稀疏矩阵的转置函数。
③AddTSMatrix():稀疏矩阵的求和函数。
④SubTSMatrix():稀疏矩阵的求差函数。

⑤OutputTSMatrix()/OutputMatrix():稀疏矩阵的三元组输出函数/矩阵形式输出函数。

要求程序具有供用户选择的菜单,菜单应该包含的菜单项有:输出(三元组/矩阵形式)、求和、求差、转置和退出等。

1)稀疏矩阵的创建

【原理】一般用三元组表存储一个给定了的稀疏矩阵。稀疏矩阵的创建其实就是将稀疏矩阵的行列数、非零元素个数,以及非零元素的信息存储到三元组表的过程。算法的 C 语言程序如下:

```
void CreateTmatrix (TSMatrix * A)
{
    int i,j; ElementType x;
    int p;
    printf("请输入矩阵总的行数、列数及非零元素的个数 (逗号相隔):");
    scanf("%d,%d,%d",&A->m,&A->n,&A->len);
    printf("\n 请输入矩阵的三元组 (逗号相隔)\n");
    for(p=1;p<=A->len;p+ + )
    {
    scanf("%d,%d,%d",&i,&j,&x);
    A->data[p].row=i;
    A->data[p].col=j;
    A->data[p].e=x;
    }
} //CreateTmatrix()函数结束
```

2)用列序递增转置算法将矩阵 A 转置为矩阵 B

【原理】即按照原矩阵 M 的三元组表 A 的列序(即转置后三元组表 B 的行序)递增顺序进行转置,并依次送入转置后矩阵的三元组表 B 中,这样,转置后矩阵的三元组表 B 恰好以行序为主序。算法的 C 语言程序如下:

```
void TransposeTSMatrix(TSMatrix A,TSMatrix * B)
{ //把矩阵 A 转置到矩阵 B 所反指向的矩阵中去,矩阵用三元组表示
    int i,j,k;
    B->m=A.n;B->n=A.m;B->len=A.len;
    if(B->len>0)
    {
    j=1;
    for(k=1;k<=A.n;k+ + )
      for(i=1;i<=A.len;i+ + )
        if(A.data[i].col= = k)
        {
          B->data[j].row=A.data[i].col;
          B->data[j].col=A.data[i].row;
```

```
        B->data[j].e=A.data[i].e;
        j+ + ;
      }
    }
  }
```

3)稀疏矩阵的和

【原理】将求和之后的结果存储到三元组表 Q 中。两个稀疏矩阵的求和运算是将两个三元组表的元素进行比较,比较之后,若发现行数不同,则将行数小的三元组拷贝到 Q 中;若行数相同,列数不同,则将列数较小的那个三元组拷贝到 Q 中,再继续比较;若行数和列数都相同,则将这两个三元组的数据求和后拷贝到 Q 中。若其中一个三元组表的元素已经求和完毕,则将剩下的那个三元组表余下的元素都拷贝到 Q 中。

稀疏矩阵求和的 C 语言程序如下:

```
void AddTSMatrix(TSMatrix M, TSMatrix N , TSMatrix *Q)
{ //求稀疏矩阵 Q=M+ N
  int i,j,k;
  i=1;j=1;k=1;
  Q->m=M.m;
  Q->n=M.n;
  while(i<=M.len && j<=N.len) //M 和 N 中的元素都没有处理完
  {
  if(M.data[i].row= = N.data[j].row)
  {
    Q->data[k].row=M.data[i].row;
    if(M.data[i].col= = N.data[j].col)
    {
      Q->data[k].col=M.data[i].col;
      Q->data[k].e=M.data[i].e+ N.data[j].e;
      k+ + ;i+ + ;j+ + ;
    } //if 语句结束
    else if(M.data[i].col<N.data[j].col)
    {
      Q->data[k].col=M.data[i].col;
      Q->data[k].e=M.data[i].e;
      k+ + ; i+ + ;
    } //else if 语句结束
    else
    {
      Q->data[k].col=N.data[j].col;
      Q->data[k].e=N.data[j].e;
      k+ + ; j+ + ;
    } //else 语句结束
```

```
    } //if 语句结束
else if(M.data[i].row<N.data[i].row)
{
    Q->data[k].row=M.data[i].row;
    Q->data[k].col=M.data[i].col;
    Q->data[k].e=M.data[i].e;
    k+ + ;
    i+ + ;
}
else
{
    Q->data[k].row=N.data[j].row;
    Q->data[k].col=N.data[j].col;
    Q->data[k].e=N.data[j].e;
    k+ + ;j+ + ;
    }
} //while 语句结束
  while(i<=M.len)
  {
    Q->data[k]=M.data[i];
    k+ + ;i+ + ;
  }
  while(j<=N.len)
  {
    Q->data[k]=N.data[j];
    k+ + ;j+ + ;
  }
  Q->len=k- 1;
} //AddTSMatrix()函数结束
```

要求稀疏矩阵的差,只需要把上面的求和函数中的 M 或者 N 中的任一矩阵求反即可,这里不再详述。

4)输出稀疏矩阵

输出稀疏矩阵的 C 语言程序如下:

```
//以矩阵形式输出稀疏矩阵
void OutputMatrix (TSMatrix A)
{ ElementType M[50][50];
  int i,j,rmax,cmax;
  rmax=A.m;    //得到最大的行数
  cmax=A.n;
  for(i=0;i<rmax;i+ + )
    for(j=0;j<cmax;j+ + )
```

```
        M[i][j]=0;
    for(i=1;i<=A.len;i+ + )
      M[A.data[i].row- 1][A.data[i].col- 1]=A.data[i].e;
    for(i=0;i<rmax;i+ + )
      { for(j=0;j<cmax;j+ + ) printf("%5d ",M[i][j]);
        printf("\n");
      }
}
//以三元组形式输出稀疏矩阵
void OutputTSMatrix (TSMatrix A) {
  int i;
  printf("\n");
  for(i=1;i<=A.len;i+ + )
  { printf("%3d %3d %3d",A.data[i].row,A.data[i].col,A.data[i].e);
    printf("\n");
  }
}//OutputTSMatrix()函数结束
```

5)主函数调试程序

主函数给出了创建三元组存储结构的方法、矩阵转置基本操作的处理及测试方法,稀疏矩阵的加减基本操作函数的测试可参照编写。

主函数调试的 C 语言程序如下:

```
    //三元组存储结构定义
#  include <stdio.h>
#  include <stdlib.h>
#  define MAXSIZE 1000
typedef int ElementType;
typedef struct
{
  int row,col;
  ElementType e;
}Triple;

typedef struct
{
  Triple data[MAXSIZE+ 1];
  int m,n,len;
}TSMatrix;

    //主调函数
void main()
{
```

```
TSMatrix A,B;
CreateTmatrix(&A);
printf("原矩阵:\n");
OutputMatrix (A);    //以矩阵形式输出矩阵 A
TransposeTSMatrix(A,&B);
printf("\n 转置矩阵:\n");
OutputMatrix (B);    //以矩阵形式输出矩阵 B
printf("\n 转置矩阵的三元组形式:\n");
OutputTSMatrix (B);
}
```

4.1.4　实验内容及要求

请选择并实现题①～③中的任一程序,实验完成后,提交实验报告。

①假设稀疏矩阵 A 采用三元组输入,根据一次定位快速转置矩阵算法,编程计算转置矩阵 B,要求输出矩阵 A、B 的矩阵形式和三元组形式。

②用三元组表示稀疏矩阵,实现两个稀疏矩阵相加、相减和相乘的运算。稀疏矩阵的输入形式采用三元组表示,而运算结果的矩阵则以通常的阵列形式输出。

③若矩阵 $A_{m \times n}$ 中的某个元素 a_{ij} 是第 i 行中的最小值,同时又是第 j 列中的最大值,则称此元素为该矩阵中的一个马鞍点元素。假设以二维数组存储矩阵,求出矩阵中的所有马鞍点元素。

【部分参考答案】

③参考程序如下:

```
/*二维矩阵存储目标数组*/
# include"stdio.h"
# include"stdib.h"

# define MAXSIZE 10

/*定义位置坐标*/
typedef struct{
  int row;
  int column;
}Data;

/*定义标记数组*/
typedef struct{
  Data data;
  int flag;
}Book;
```

```
void Locate(int * * a, Book * book, int row, int column)   /*结构体数组 Book 作为
地址传递给函数 Locate*/
{
  int min;
  int trow=0;
  int tcol=0;
  int flag;
  int count=0;

  for(int i =0; i <row; i+ + )
  {
    flag =1;
    min =a[i][0];
    for(int j =1; j <column; j+ + )
    {
      if(a[i][j] <min)
      {
        min =a[i][j];
        trow =i;
        tcol =j;
      }
    }

    for(int k =0; k <row; k+ + )
      if(a[k][tcol] >min) flag =0;
    if(flag ! =0)
    {
      book[count].flag =1;
      book[count].data.row =trow;
      book[count].data.column =tcol;
      count+ + ;
    }

  }
}

int main()
{
  Book book[MAXSIZE];/*存放矩阵所有马鞍点的行、列下标
  int i;
  for( i =0; i <MAXSIZE; i+ + )   //初始化标记数组
  book[i].flag =0;
```

```
    int * * a;//定义二维指针
int row;
int column;

printf("please input row:");
scanf("% d",&row);
printf("please input column:");
scanf("% d",&column);

//下列动态二维数组存放矩阵
a= (int* * )malloc(sizeof(int* )* row);
  for( i = 0; i < row; i+ + )
a[i]= (int* )malloc(sizeof(int)* column);
  printf("create a new array:\n");
  for(i = 0; i < row; i+ + )
    for(int j = 0; j < column; j+ + )
      scanf("% d",&a[i][j]);
  Locate(a, book, row, column);
printf("矩阵马鞍点分布如下:\n);
  for(i = 0; i < MAXSIZE; i+ + )
    if(book[i].flag ! = 0)
printf("第% d 行 第% d\n", book[i].data.row, book[i].data.column);
  //释放内存
for(i= 0;i< row;i+ + ) free(a[i]);
    free(a);
    return 0;
}
```

4.1.5　实验总结与思考

对于非零元素很少的稀疏矩阵,可采用只存非零元素所在的行号、列号、元素值的方法来实现压缩存储。压缩存储既可采用三元组表顺序存储结构,也可采用十字链表存储结构。请思考:若第 4.1.3 节和第 4.1.4 节中的程序采用十字链表存储结构,应该怎样改写算法。

4.2　广义表的操作基本实验

广义表也是线性表的一种推广。与线性表不同的是,广义表中的元素既可以是单个元素,也可以是子表。基于广义表的特点,通常采取的存储方式为头尾链式存储。

4.2.1 广义表头尾链式存储原理

广义表中每一个元素用一个结点来表示,表中有两类结点:一类是单个元素结点,即原子结点;另一类是子表结点,即表结点。任何一个非空的广义表都可以分解成表头和表尾两部分。

图 4.2 所示的是广义表的头尾链表结点结构。

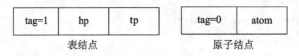

| tag=1 | hp | tp | | tag=0 | atom |

表结点　　　　　　　　　原子结点

图 4.2　广义表的头尾链表结点结构

广义表的头尾链式存储法的结点结构的 C 语言程序如下:

```
typedef enum{ATOM,LIST} ElemTag;
/*ATOM=0,表示原子结点;LIST=1,表示子表结点*/
typedef int AtomType ;
typedef struct GLNode
{
  ElemTag tag;
  union
  {
    AtomType atom; /*原子结点值域*/
    struct { struct GLNode *hp, *tp;} htp;
  /*表结点指针域 htp,包括表头指针域 hp 和表尾指针域 tp*/
  }atom_htp;
  /*atom_htp 是原子结点的值域 atom 和表结点的指针域 htp 的联合体域*/
}GLNode,*GList;
```

4.2.2 实验目的

(1)理解并熟悉广义表的概念以及头尾链式存储法。

(2)通过实现对广义表的操作,深刻理解广义表的结构,并学会使用递归调用。

4.2.3 实验过程示例

【任务】开发一个广义表的操作程序,要求程序具备实现如下操作的功能。

①HeadGList():求广义表的表头函数。

②TailGList():求广义表的表尾函数。

③LengthGList():求广义表的长度函数。

④DepthGList():求广义表的深度函数。

⑤CountAtom():统计广义表的原子数目函数。

⑥CopyGList():广义表的复制函数。

要求程序具有供用户选择的菜单,菜单应该包含的菜单项有:求表头、求表尾、求表长、求表深、复制和退出等。

1）求广义表的表头

【原理】若广义表不是原子表，则返回表头指针。

求广义表表头的 C 语言程序如下：

```
GList HeadGList(GList L)
{
    if(L==NULL)return NULL; /*空表*/
    if(L->tag==Atom) exit(0); /*不是原子表*/
    else return (L->atom_htp.htp.hp);
}
```

2）求广义表的表尾

【原理】若广义表不是原子表，则返回表尾指针。该操作与返回表头指针非常类似。

求广义表表尾的 C 语言程序如下：

```
GList TailGList(GList L)
{
    if(L==NULL) return NULL; /*空表*/
    if(L->tag==Atom) exit(0); /*不是原子表*/
    else return (L->atom_htp.htp.tp);
}
```

3）求广义表的长度

【原理】求广义表的长度，就是沿着表尾指针依次遍历表中的表结点的过程。

求广义表长度的 C 语言程序如下：

```
int LengthGList(GList L)
{
    int k=0;
    GLNode * s;
    if(L==NULL) return 0;
    if(L->tag==Atom) exit(0);
    s=L;
    while(s! =NULL)
    {
        k+ + ;
        s=s->atom_htp.htp.tp;
    }
    return k;
}
```

4）求广义表的深度

【原理】广义表的深度是由其子表来确定的，分别求出子表的深度，找出最深子表深度，就可确定该表的深度了。这里将每个子表的表头指针作为函数参数，通过递归调用的方式求解子表的深度。

求广义表深度的 C 语言程序如下：

```
int DepthGList(GList L)
{
    int d, max=0;
    GLNode * s;
    if(L==NULL) reurn 1;
    if(L->tag==ATOM) return 0;
    s=L;
    while(s! =NULL)
    {
        d=DepthGList(s->atom_htp.htp.hp);/*递归调用 DepthGList 分别求解每个子表的
深度*/
        if(d>max)max=d;
        s=s->atom_htp.htp.tp;
    }
    return (max+ 1);/*表的深度等于最深子表的深度+ 1*/
}
```

5)统计广义表中的原子数目

【原理】广义表由表头和表尾构成,要统计广义表中原子的数目,就是将表头中的原子
数目和表尾中的原子数目分别求出并相加。当表为空表时,原子数为 0。

统计广义表中的原子数目的 C 语言程序如下：

```
int CountAtom(GList L)
{
    int n1,n2;
    if(L==NULL) return 0;
    if(L->tag==ATOM) return 1;
    n1=CountAtom(L->atom_htp.htp.hp);/*求表头中的原子数目*/
    n2=CountAtom(L->atom_htp.htp.tp);/*求表尾中的原子数目*/
    return (n1+ n2);
}
```

6)复制广义表

【原理】复制的时候,仍然是先对原广义表的结构进行分析,再复制。当原广义表非空
且不是只有原子表的时候,可通过分别复制表头和表尾来实现表复制。仍采用递归方式。

复制广义表的 C 语言程序如下：

```
int CopyGList(GList S, GList * T)
{
    if(S==NULL) {* T=NULL; return OK;}
    * T=(GLNode* )malloc(sizeof(GLNode));
    if(* T=NULL) return ERROR;
    (* T)->tag=S->tag;
```

```
if(S->tag==ATOM) (* T)->atom=S->atom; //复制单个原子
else
{
   CopyGList(S->atom_htp.htp.hp, &((* T)->atom_htp.htp.hp)); //复制表头
   CopyGList(S->atom_htp.htp.tp, &((* T)->atom_htp.htp.tp)); //复制表尾
}
return OK;
}
```

7）主调函数及菜单函数的编写

其程序可参照第 2.2.3 节介绍的方法编写。

4.2.4　实验内容及要求

参照实验过程示例编写一个用于删除广义表中所有值为 x 的元素的函数。例如：删除广义表((a,b),a,(d,a))中所有值为 a 的元素,结果广义表是((b),(d))。

4.2.5　实验总结与思考

广义表是非常特殊的线性表,它的特殊之处在于,其元素的形式既可以是单个元素,也就是原子,也可以是一个线性表,也就是子表,而子表也是一个广义表。因此,在存储方式的选择上,选用链式存储的方式。上述的实验过程均使用头尾链式存储结构。此外,广义表还有另外一种存储结构,称为同层结点链式存储结构。

第5章 树和二叉树

树结构是指具有分支关系的结构,即结点之间是一对多的关系的结构,树结构应用非常广泛,本章主要讨论树结构的特性、存储及其操作的实现。

5.1 二叉树的建立与遍历基本实验

5.1.1 树和二叉树的存储原理

1)二叉树的存储

①顺序存储结构。

二叉树的顺序存储结构就是用一组地址连续的存储单元来存放一棵二叉树的所有结点元素的结构。对于完全二叉树来说,可以将其结点逐层存放到一组连续的存储单元上,对于一般二叉树,必须用"虚结点"将其补成一棵"完全二叉树"来存储,这会造成空间浪费。

定义顺序存储结构的 C 语言程序如下:

```
# define MAX_TREE_SIZE 100      // 二叉树的最大结点数
tyepdef   DataType      SqBiTree[MAX_TREE_SIZE];
                                // 0 号单元存储根结点
SqBiTree bt;
```

②二叉链表存储结构。

二叉树的结点由一个数据元素和分别指向其左、右子树的两个分支构成,表示二叉树的链表中的结点包括三个域:数据域、左指针域和右指针域,称为二叉链表存储结构。

定义二叉链表存储结构的 C 语言程序如下:

```
tyepdef struct  Node {
  DataType data;
  struct Node   * lchild, * rchild; // 左右孩子指针
} BiTNode , * BiTree;      // 二叉链表存储结构类型名
```

本章算法及程序实现所用到的二叉树采用的都是这样的结构。

2)树的存储结构

树有双亲表示法、孩子表示法、孩子兄弟表示法,遍历方式有先序遍历、中序遍历和后序遍历等。

5.1.2 实验目的

掌握二叉树的左右链存储的实现、二叉树的建立方法、二叉树的遍历算法,及二叉树中常见算法的程序实现。

5.1.3　实验过程示例

【任务】开发一个二叉树的操作程序,要求程序具备实现如下操作的功能。

①CreateBiTree():创建二叉链表函数。

②PreOrder():先序遍历二叉树函数。

③InOrder():中序遍历二叉树函数。

④PostOrder():后序遍历二叉树函数。

要求程序具有供用户选择的菜单,菜单应该包含的菜单项有:先序遍历二叉树、中序遍历二叉树、后序遍历二叉树。

1)创建二叉链表

【原理】如果按照先序序列建立二叉树的二叉链表结构,可以按照扩展先序遍历顺序读入字符,来建立相应的二叉链表存储结构。

创建二叉链表的 C 语言程序如下:

```
//扩展先序序列创建二叉链表
void CreateBiTree(BiTree * bt )
{ char ch;
  ch=getchar();
  if(ch= = '.') * bt=NULL;
  else
  {
    * bt=(BiTree)malloc(sizeof(BiTNode));
    (* bt)->data=ch;
    CreateBiTree(&((* bt)->lchild));
    CreateBiTree(&((* bt)->rchild));
  }
}
```

2)中序遍历二叉树

【原理】非递归遍历原理:从根结点开始,只要当前结点存在,或者栈不空,则重复下面操作。

①从当前结点开始,进栈并遍历左子树,直到左子树为空为止;

②退栈并访问;

③遍历右子树。

应用非递归遍历原理的 C 语言程序如下:

```
void InOrder(BiTree root)
{
  BiTNode * p;
  int top;
  BiTree S[Stack_Size];
  top=0;
```

```
        p=root;
        do{
          while(p! =NULL)
          {
            if(top>Stack_Size- 1) {printf("栈满\n");return;}
            else {top=top+ 1;
                  S[top]=p;
                  p=p->lchild;
            }
          }
          if (top! =0)
             {p=S[top];
            top=top- 1;
            printf("%c",p->data);
            p=p->rchild;
          }
        }while(p! =NULL||top! =0);
    }
```

【原理】递归遍历算法原理:采用二叉链表存储结构,root 为指向二叉树(或某一子树)根结点指针,visit()是对数据元素操作的应用函数,中序遍历二叉树 root 的递归算法,对每个数据元素调用函数 visit()。

应用递归遍历原理的 C 语言程序如下:

```
void InOrder (BiTree root) {
  if (root!=NULL) {             // 若 root 不为空
   InOrder (root->lchild)       // 中序遍历左子树
   visit(root->data)            // 调用函数 visit()访问根结点
   InOrder (root->rchild)       //中序遍历右子树
  }
} // InOrder()函数结束
```

3)后序遍历二叉树

【原理】在后序遍历中,要求左右子树都访问完后,最后访问 p 所指根结点。指针 q 指向刚被访问过的结点。以下两种情况下,应当访问当前栈顶结点 p:p 无右孩子,此时应当访问结点 p;p 的右孩子是刚被访问过的结点 q,说明 p 的右孩子已经被遍历过了,此时应当访问结点 p。

从根结点开始,若当前结点存在,即 p 不为空或栈不空,则重复下面操作。

①从当前结点开始,进栈并走左子树,直到左子树为空为止;

②如果栈顶结点的右子树为空,或栈顶结点的右子树为刚访问过的结点 q,则退栈并访问栈顶结点,然后将当前结点指针置为空;

③否则,走右子树。

应用后序遍历原理的 C 语言程序如下:

```
void PostOrder (BiTree root), {
// 采用二叉链表存储结构
// 后序遍历二叉树 T 的非递归算法,对每个元素调用函数 visit()
BiTNode  * p,* q;   Stack S;
q=NULL;  p=root; InitStack(&S);
while (p! =NULL||! IsEmpty(S))
{
   while(p! =NULL)      //左孩子进栈
  {
    Push(&S,p);
    p=p->Lchild;
  }
  if(! IsEmpty(S))
  {
    GetTop(&S,&p);
    if((p->rchild= = NULL)||(p->rchild= = q))   // 无右孩子,或右孩子已遍历过
    {  visit(p->data);
    q=p;    //保存到 q,为下一次已处理结点前驱
    Pop(&S,&p);
    p=NULL;
      }
    else  p=p->rchild;
    } // if 语句结束
  } //while 语句结束
} //PostOrder()函数结束
```

先序的非递归和递归可参照中序遍历算法的程序写出。

4)程序清单

下面给出递归先序遍历、非递归中序遍历的完整程序。其他基本操作的实现可参照下列主函数的编写进行调试。

二叉树的二叉链表存储结构及栈的定义的 C 语言程序如下:

```
# include <stdio.h>
# include <stdlib.h>
# define TRUE 1
# define FALSE 0
# define Stack_Size 50
typedef int StackElementType;
typedef char DataType;
typedef struct Node {
  DataType data;
  struct Node * lchild,* rchild;
}BiTNode,* BiTree;
```

```
//栈的定义
typedef struct
{
  BiTree elem[Stack_Size];
  int top;
}Stack;

//建立二叉树
void CreateBiTree(BiTree * bt )
  { char ch;
    ch=getchar();
    if(ch= = '.') * bt=NULL;
      else
      {
      * bt=(BiTree)malloc(sizeof(BiTNode));
      (* bt)->data=ch;
      CreateBiTree(&((* bt)->lchild));
      CreateBiTree(&((* bt)->rchild));
      }
  }
//先序递归遍历二叉树
void PreOrder(BiTree root)
//root 指向二叉树根结点
{ if(root! =NULL)
  {
    printf("%c",root->data);
    PreOrder(root->lchild);
    PreOrder(root->rchild);
  }
}
//中序非递归遍历二叉树
void InOrder(BiTree root)
{
  BiTNode * p;
  int top;
  BiTree S[Stack_Size];
  top=0;
  p=root;
  do{
    while(p! =NULL)
    {
```

```
    if(top>Stack_Size- 1) {printf("栈满\n");return;}
    else {top=top+ 1;
         S[top]=p;
         p=p->lchild;
    };
  }
  if (top! =0)
    {p=S[top];
     top=top- 1;
     printf("%c",p->data);
     p=p->rchild;
  }
  }while(p! =NULL||top! =0);
}
//主控菜单调试程序
void main( )
{
BiTree T=NULL;
int xz=1;
char ch;
while(xz) {
  printf(" 二叉树的建立及遍历\n");
  printf("========================\n");
  printf(" 1.建立二叉树存储结构  \n");
  printf(" 2.二叉树的前序遍历(递归)\n");
  printf(" 3.二叉树的中序遍历(非递归)\n");
  printf(" 0.退  出  系  统    \n");
  printf("========================\n");
  printf("   请选择:0-- 3      ");
  scanf("%d",&xz);
  switch(xz)
  {  case 0:printf("再见! \n");
          return;
     case 1:ch=getchar();
          printf("按扩展先序遍历序列输入二叉树各结点值:");
          CreateBiTree(&T);
          printf("\n二叉树的链式存储结构建立完成! \n");
          printf("\n");
          break;
     case 2: printf("二叉树先序遍历序列为:");
          if(T) PreOrder(T);
          else printf("\n空树");
```

```
                    printf("\n");
                    printf("\n");
                    break;
           case 3: printf("二叉树中序遍历序列为:");
                    InOrder(T);
                    printf("\n");
                    break;
        }
    }
    return;
} //main()函数结束
```

5.1.4 实验内容及要求

请选择并实现题①～③中的任一程序,实验完成后,提交实验报告。

①实现二叉树的遍历算法(非递归先序遍历、递归中序遍历、非递归后序遍历、层次遍历),输出遍历结果。提示:层次遍历要用到队列,在实现过程中要定义一队列,可参照教材写出创建队列、入队列和出队列的函数操作。

②通过键盘输入二叉树先序序列和中序序列,将遍历结果后序序列输出。测试数据为:先序序列是 EBADCFHGIKJ、中序序列是 ABCDEFGHIJK。

③统计二叉树中度为 2 的结点个数,从二叉树中删去所有叶结点。

【部分参考答案】

②已知先序遍历和中序遍历可确定一棵二叉树,这里用递归来实现。

参考 C 语言程序如下:

```
BiTNode * CreateBT(char * pre,char * in,int n)
//pre存放先序序列,in存放中序序列,n为二叉树结点个数
{   BiTree s;
    char * p;
    int k;
    if(n<=0) return NULL;
    s=(BiTNode* )malloc(sizeof(BiTNode));
    s->data=* pre;
    for (p=in;p<in+ n;p+ + )
      if (* p= = * pre) break;
    k=p- in;
    s->lchild=CreateBT(pre+ 1,in,k);
    s->rchild=CreateBT(pre+ k+ 1,p+ 1,n- k- 1);
    return s;
}
```

5.1.5 实验总结及思考

树与二叉树之间的转换方法,最简单的是通过树与二叉树各自的二叉链表存储方法

实现转换。二叉树遍历算法是本章的重点,通过遍历可得到二叉树中结点访问的线性序列,可实现非线性结构的线性化。二叉树遍历运算中的递归实现是程序设计中的一门重要技术,理解递归含义、正确使用递归控制条件非常重要。此外,利用栈可把递归算法转换为非递归算法。

【思考】①对于第 5.1.3 节介绍的中序遍历二叉树的非递归算法,若改成调用栈操作的函数,应对所给出的程序做怎样的修改。

②对于第 5.1.4 节的题②,若改为后序遍历和中序遍历可确定一棵二叉树,请思考相应的实现方法。

5.2　树和二叉树的应用综合实验

树结构已广泛应用于分类、检索、数据库、人工智能、信息管理等领域中。这里列举如下。

1)并查集与等价类划分

假定集合的元素是数 1,2,3,…, n,并假定所表示的集合是不相交的,即集合 S_i 和 S_j (i≠j)没有交集。例如,有 10 个数 1,2,…,10,它们分成了 3 个不相交的集合 $S_1=\{1,7,8,9\}$,$S_2=\{2,5,10\}$,$S_3=\{3,4,6\}$。要在这样的集合上,实现下面的运算。

①UNIN()函数。如果 S_i 和 S_j 是两个不相交的集合,则它们的加法定义为 $S_i \cup S_j=\{x \in S_i$ 或 $x \in S_j\}$。因此,$S_1 \cup S_2=\{1,7,8,9,2,5,10\}$。由于已假设所有的集合都是不相交的,所以能够认为,经过 $S_i \cup S_j$ 运算后,S_i 或 S_j 不能单独存在,它们已经被放到集合 $S_i \cup S_j$ 中了。

②FIND()函数(求包含着元素 i 的集合,如 4 在集合 S_3 中,9 在集合 S_1 中)。

为了实现这两个运算,用树结构表示集合,集合 S_1、S_2 和 S_3 的表示法如图 5.1 所示。

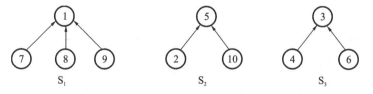

图 5.1　用树表示集合

按照这种表示法,每个结点要有两个域:data 域和 parent 域。显然要用森林来表示集合。可以用一个抽象数据类型——并查集来描述。可以利用并查集来进行等价类的划分。

2)表达式求值

任何表达式都可表示成二叉树,这样通过这种二叉树就可以动态地修改表达式,诸如删除或插入某操作数或运算符等。求值的表达式已化成二叉树。对二叉树采用二叉链表表示法,但每个结点要增加一个结果域。

计算表达式的一种方法是用后序遍历方法,先计算子树,直到整个表达式变成单值为止,当到达每个结点时,它的自变量(孩子)的值已经计算出来。

3)判断树

树的另一个应用是进行判断,现以著名的八枚硬币问题为例,假定有八枚硬币 a,b, c,d,e,f,g,h,其中有一枚硬币是伪造的,真伪硬币的区别仅是重量不同,伪硬币可能重, 也可能轻,现要求以天平为工具,用最少的比较次数挑出伪造硬币,并确定它是重的还是 轻的。

4)哈夫曼(Huffman)树及应用

哈夫曼树,又称最优二叉树,它是由 n 个带权叶子结点构成的所有二叉树中,带权路 径长度最短的二叉树。其有着广泛的应用,如利用哈夫曼树来构造最优编码等。

5.2.1 实验目的

利用学过的二叉树,完成简单的二叉树的应用实验。

5.2.2 实验过程示例

【任务】设有一台模型机,其共有 7 种不同的指令。若一段程序有 1000 条指令,其指 令使用频率如表 5-1 所示。

表 5-1 指令的使用频率

指令	使用频率
I1	0.40
I2	0.30
I3	0.15
I4	0.05
I5	0.04
I6	0.03
I7	0.03

设计这 7 种不同指令的哈夫曼编码,使程序的总位数达到最短。

【原理】将可能出现的指令作为叶子结点,将指令的使用频率作为各个对应叶子结点 的权值,设计一棵哈夫曼树,树中的左子树分支表示二进制数 0,右子树分支表示二进制 数 1,则可以将从根结点到叶子结点的路径上分支字符组成的字符串作为叶子结点指令 的编码,即每一条指令的二进制前缀编码。这种二进制前缀编码称为哈夫曼编码。哈夫 曼编码是最优的二进制前缀编码,这样得到的指令的编码长度最短。

假设有 n 个权值 $\{w_1,w_2,\cdots,w_n\}$,构造一棵有 n 个叶子结点的二叉树,每个叶子结 点带权为 w_i,它是 n 个带权叶子结点构成的所有二叉树中,带权路径长度最短的二叉树。

1)哈夫曼树的存储结构及类型定义

因为在哈夫曼树中没有度为 1 的结点(这类树又称严格的/正则的二叉树),所以一 棵有 n 个叶子结点的哈夫曼树共有 2n−1 个结点,可以存储在一个大小为 2n−1 的一维 数组中。由于每个结点同时包含其双亲信息和孩子结点的信息,所以构成一个静态三叉链表。各结点存储在一维数组中,从 1 号位置开始使用。

参考 C 语言程序如下:

```
# define N 20
# define M 2* N- 1
typedef char * HuffmanCode[N+ 1];

typedef struct HTNode
{
    int weight;
    unsigned int parent;
    unsigned int lchild;
    unsigned int rchild;
}HTNode,HuffmanTree[M+ 1]; /* HuffmanTree 是一结构数组类型,0 号单元不用 */
```

2)哈夫曼树的构造

哈夫曼树的构造步骤如下:

①根据给定的 n 个权值 $\{w_1, w_2, \cdots, w_n\}$,构成 n 棵二叉树的集合 $F = \{T_1, T_2, \cdots, T_n\}$,其中每棵二叉树 T_i 中只有一个带权 w_i 的根结点,其左子树和右子树均为空;

②在 F 中选取两棵根结点的权值最小的树作为左子树和右子树,构造一棵新的二叉树,并且新置的二叉树的根结点的权值为其左子树根结点的权值和右子树根结点的权值之和;

③在 F 中删除在②中选中的那两棵根结点权值最小的二叉树,同时将新得到的二叉树加入 F;

④重复②和③,直到 F 中只含一棵树为止,这棵树便是哈夫曼树。

哈夫曼树算法实现的 C 语言程序如下:

```
void CrtHuffmanTree(HuffmanTree * ht,int w[],int n)
{
    int i,m,s1,s2;
    for(i=1;i<=n;i+ + )
    {
        (* ht)[i].weight=w[i];
        (* ht)[i].parent=0;
        (* ht)[i].lchild=0;
        (* ht)[i].rchild=0;
    }
    m=2* n- 1;
    for(i=n+ 1;i<=m;i+ + )
    {
        (* ht)[i].weight=0;
        (* ht)[i].parent=0;
        (* ht)[i].lchild=0;
```

```
      (* ht)[i].rchild=0;
  }


  for(i=n+ 1;i<=m;i+ + )
  {
    select(ht,i- 1,&s1,&s2);

    (* ht)[i].weight=(* ht)[s1].weight+ (* ht)[s2].weight;
    (* ht)[s1].parent=i;
    (* ht)[s2].parent=i;
    (* ht)[i].lchild=s1;
    (* ht)[i].rchild=s2;

  }
```

其中用到的子函数 select(ht,i－1,&s1,&s2)的元素是从当前森林中(范围为 ht[1]~ht[i－1])选择的两个双亲域 parent 为 0 且权值最小的结点,子函数返回的序号分别赋值给 s1,s2。具体实现见下面的程序清单。

3)哈夫曼编码算法的实现

参考 C 语言程序如下:

```
typedef char*   HuffmanCode[N+ 1];
/*HuffmanCode 是存储哈夫曼编码串的头指针数组*/
```

哈夫曼树的编码算法的 C 语言程序如下:

```
void CrtHuffmanCode(HuffmanTree ht,HuffmanCode hc,int n)
{
  char * cd;
  int i,p;
  int j;
  unsigned int c;
  cd=(char* )malloc(n* sizeof(char));
  cd[n- 1]='\0';
  for(i=1;i<=n;i+ + )
  {
    int start=n- 1;    /*初始化*/
    c=i; p=ht[i].parent;
    while(p! =0)
    {
      --start;
      if(ht[p].lchild= = c) cd[start]='0';
      else cd[start]='1';
      c=p; p=ht[p].parent;
    }
    hc[i]=(char* )malloc((n- start)* sizeof(char));
```

```
    for (j=start;j<n;j+ + ) hc[i][j- start]=cd[j];    //复制编码到 hc[i]中
    }
    free(cd);
  }
```

4)程序清单

参考 C 语言程序如下：

```
# include<stdio.h>
# include<stdlib.h>
# define N 20
# define M 2* N- 1
typedef char * HuffmanCode[N+ 1];

typedef struct HTNode
{
  int weight;
  unsigned int parent;
  unsigned int lchild;
  unsigned int rchild;
}HTNode,HuffmanTree[M+ 1];


void select(HuffmanTree * ht,int n,int * s1,int * s2)
{
  int i;
  int min,second;
  for (i=1;i<=n;i+ + )
    if((* ht)[i].parent= = 0)
      {min=i;   i=n+ 1;}

  for(i=1; i<=n; i+ + )
  if(((* ht)[i].parent= = 0)&&((* ht)[i].weight<=(* ht)[min].weight))   min=
i;
    * s1=min;

  for (i=1;i<=n;i+ + )
    if(((* ht)[i].parent= = 0)&&(i! =min))
      {second=i;   i=n+ 1;}

  for(i=1;i<=n;i+ + )
  if (i! =min)
```

```
if((* ht)[i].parent= = 0&&((* ht)[i].weight< (* ht)[second].weight)) second=i;
* s2=second;


}
//构建哈夫曼树
void CrtHuffmanTree(HuffmanTree * ht,int w[],int n)
{
  int i,m,s1,s2;
  for(i=1;i<=n;i+ + )
  {
    (* ht)[i].weight=w[i];
     (* ht)[i].parent=0;
    (* ht)[i].lchild=0;
    (* ht)[i].rchild=0;
  }
  m=2* n- 1;
  for(i=n+ 1;i<=m;i+ + )
  {
    (* ht)[i].weight=0;
    (* ht)[i].parent=0;
    (* ht)[i].lchild=0;
    (* ht)[i].rchild=0;
  }

  for(i=n+ 1;i<=m;i+ + )
  {
    select(ht,i- 1,&s1,&s2);

    (* ht)[i].weight=(* ht)[s1].weight+ (* ht)[s2].weight;
    (* ht)[s1].parent=i;
    (* ht)[s2].parent=i;
    (* ht)[i].lchild=s1;
    (* ht)[i].rchild=s2;


  }


void OutputHuffman(HuffmanTree ht, int m)
{
  int i;
  if(m! =0)
    for(i=1;i<=m;i+ + )
```

```
    {
        printf("% 3d% 3d% 3d% 3d", ht[i].weight,ht[i].parent,ht[i].lchild,ht[i].
rchild);
        printf("\n");
    }
    else printf("空哈夫曼树");

}
//哈夫曼树的编码
void CrtHuffmanCode(HuffmanTree ht,HuffmanCode hc,int n)
{
  char * cd;
  int i,p;
  int j;
  unsigned int c;
  cd=(char* )malloc(n* sizeof(char));
  cd[n- 1]='\0';
  for(i=1;i<=n;i+ + )
  {
    int start=n- 1;
    c=i; p=ht[i].parent;
    while(p! =0)
    {
      -- start;
      if(ht[p].lchild= = c) cd[start]='0';
      else cd[start]='1';
      c=p; p=ht[p].parent;
    }
    hc[i]=(char* )malloc((n- start)* sizeof(char));

    for (j=start;j<n;j+ + ) hc[i][j- start]=cd[j];    //复制编码到 hc[i]中
  }
  free(cd);
}

void outHuffmanCode(HuffmanTree ht,HuffmanCode hc,int n)
{
  int i,j;
  for(i=1;i<=n;i+ + )
  {   printf("%d 的编码是:",ht[i].weight);
      for(j=0;hc[i][j]! ='\0';j+ + ) printf("% c",hc[i][j]);
      printf("\n");
```

```
    }
}

void main()
{
  int A[N],n,i,m;
  HuffmanTree ht;
  HuffmanCode hc;
  printf("请输入叶子结点的个数:");
  scanf("%d",&n);

  printf("请输入权值,逗号相隔:");
  for(i=1;i<=n;i+ + ) scanf("%d,",&A[i]);
  CrtHuffmanTree(&ht,A,n);
  printf("输出哈夫曼树:\n");
  OutputHuffman(ht,2* n- 1);
  CrtHuffmanCode(ht,hc,n);
  printf("输出哈夫曼编码:\n");
  outHuffmanCode(ht,hc,n);
  printf("\n");
}
```

5.2.3　实验内容及要求

请选择并实现题①～④中的任一程序,实验完成后,提交实验报告。

①请在上述指令哈夫曼编码的基础上,完成指令的编码文件的译码。

②判断树问题,问题的叙述见第 5.2 节。

③表达式求值:在高级语言的编译程序中,经常需要处理表达式,如计算算术表达式或逻辑表达式的值。任何表达式,都可表示成二叉树的形式。请利用二叉树的后序遍历,计算表达式的值。

④用函数 UNIN() 和 FIND() 实现并查集,并利用它们实现集合 S 的 R 等价类划分。

第6章 图

图是一种比线性表和树更为复杂的数据结构。它已应用于多个技术领域,如系统工程、化学分析、遗传学、控制论、人工智能和编译原理。

6.1 图的创建及搜索基本实验

6.1.1 图的存储原理

图 G 由两个集合 V 和 R 组成,记为 G=(V,R)。其中 V 是顶点的有限非空集合,R 是弧/边的集合,弧/边是 V 中顶点的偶对。R 可以是弧/边的空集,若 R 为空集,则 G 只有顶点,没有弧/边。若 R 的每条边都是顶点的有序对(v,w),则说该图是有向图。这时,v 称为弧(v,w)的尾,而 w 称为(v,w)的头。若 R 的边是两个不同顶点的无序对,就说该图是无向图。

常用图的存储结构表示法有:邻接矩阵表示法、邻接表表示法。这两种方法既适用于无向图,也适用于有向图。

邻接矩阵是图的一种顺序存储结构。

设 G=(V,E)是一个图,含有 n 个顶点,则 G 的邻接矩阵是图中顶点之间相邻关系的 n 阶方阵。如果图 G 是无权图,则图 G 的邻接矩阵定义为:

$$A[i,j]=\begin{cases}1,(v_i,v_j)\in VR \text{ 或} <v_i,v_j>\in VR \\ 0,\text{其他情况}\end{cases}$$

如果图 G 是带权图,则图 G 的邻接矩阵定义为:

$$A[i,j]=\begin{cases}w_{i,j},(v_i,v_j)\in VR \text{ 或} <v_i,v_j>\in VR \\ \infty,\text{其他情况}\end{cases}$$

邻接矩阵存储结构的 C 语言程序如下:

```
# define INFINITY  32768      // 最大值 ∞
# define MAX_VERTEX_NUM  20   // 最多顶点个数
typedef enum { DG, DN, UDG, UDN }    GraphKind
      // 有向图 DG,有向网 DN,无向图 UDG,无向网 UDN
typedef  char  VetexData;      // 顶点数据为字符型
typedef struct ArcNode {
    AdjType  adj;   // AdjType 是顶点关系类型
                    // 对于无权图,用 1 或 0 表示相邻否
                    // 对于带权图,则为权值类型
    OtherInfo info;  // 该弧相关信息
}ArcNode;
typedef struct {
    VertexData   vertex [ MAX_VERTEX_NUM ];      // 顶点向量
```

```
ArcNode   arcs [ MAX_VERTEX_NUM ]
         [ MAX_VERTEX_NUM]     // 邻接矩阵
    int    vexnum, arcnum;   // 图的当前顶点数和弧数
    GraphKind  kind;         // 图的种类标志
}AdjMatrix;        // 图邻接矩阵类型名
```

上面定义中，一维数组 vertex 存储图中数据元素（顶点）的信息，二维数组 arcs 存储图中数据元素之间关系（边或弧）的信息。

邻接表是图的链式存储结构。

邻接表对图中每个顶点建立一个单链表，第 i 个单链表中的结点（称为弧结点）表示依附于顶点 v_i 的所有边（对于有向图，是以顶点 v_i 为尾的弧），每个弧结点由 3 个域组成：

①邻接点域（adjvex）：指示与顶点 v_i 邻接的点在图中的位置；

②链域（nextarc）：指向与顶点 v_i 关联的下一条边或弧的结点；

③数据域（info）：存储和边或者弧相关的信息，比如权值等。

每个链表上附设一个表头结点，表头结点由 2 个域组成：

①链域（firstarc）：指向链表中第一个结点；

②数据域（vexdata）：存储顶点 v_i 的名或其他有关信息。

这些表头结点通常以顺序结构的形式存储（也可以链相接），以便随机访问任一顶点的链表。

邻接表存储结构的 C 语言程序如下：

```
# define MAX_VERTEX_NUM 20
typedef enum { DG, DN, UDG, UDN } GraphKind
// 有向图 DG,有向网 DN, 无向图 UDG, 无向网 UDN
typedef struct ArcNode {   // 弧结点结构定义
   int       adjvex;    // 该弧所指向的顶点的位置
   struct ArcNode * nextarc;  // 指向下一条弧的指针
   OtherInfo    info;   // 该弧相关信息
};
typedef struct VertexNode {   // 头结点结构定义
   VertexData    data;   // 顶点信息
   ArcNode      * firstarc;  // 指向第一条依附该顶点弧的指针
} VertexNode;
typedef struct {     // 邻接表结构定义
VertexNode  vertex [ MAX_VERTEX_NUM ]; // 头结点数组
   int  vexnum, arcnum;  // 图的当前顶点数和弧数
   GraphKind    kind;   // 图的种类标志
} AdjList;     // 邻接表类型名
```

图的遍历（Graph Traversal）指从图中某一个顶点出发访问图中其余顶点，而且每个点仅被访问一次。图的遍历算法有深度优先遍历算法和广度优先遍历算法等，这两个算法是图的诸多应用的基础，比如求解图的连通性、拓扑排序、最短路径及关键路径等，因而非常重要。

6.1.2　实验目的

掌握图的两种存储结构,掌握图的深度、广度优先遍历算法及其实现,学习求图中各顶点的度的算法及其实现。

6.1.3　实验过程示例

【任务】开发一个图的操作程序,要求程序具备实现如下操作的功能。

①CreateUDG():创建无向图的邻接矩阵存储结构函数。

②CreateDG():创建有向图的邻接表存储结构函数。

③BreadthFirstSearch():图的广度搜索算法函数。

④DepthFirstSearch():图的深度搜索算法函数。

要求程序具有供用户选择的菜单,菜单应该包含的菜单项有:图的存储结构的创建、图的广度搜索结果、图的深度搜索结果。

分别设计以上问题的各个了函数,然后再给出完整的程序。

1)创建无向图的邻接矩阵算法

参考 C 语言程序如下:

```c
int CreateUDG(AdjMatrix * G)
{ //图 D 的存储结构是邻接矩阵,G 的类型是 AdjMatrix 的指针型变量
    int i,j,k;
    VertexData v1,v2,ver;
    printf("\n 请输入图的总边数:");
        scanf("%d",&G->arcnum);
        printf("\n 请输入图的总顶点数:");
        scanf("%d",&G->vexnum);
    for(i=0;i<G->vexnum;i+ + )
     for(j=0;j<G->vexnum;j+ + )
      G->arcs[i][j]=0;        //邻接矩阵的初值为全 0
    getchar();
    printf("\n 输入图的各顶点,以逗号相隔:");
    for(i=0;i<G->vexnum;i+ + )        //输入图的顶点
    scanf("%c,",&G->vertex[i]);
        getchar();
    printf("\n 输入图的每条边/弧,以(v1,v2)的方式输入,边/弧之间用;相隔:");
    for(k=0;k<G->arcnum;k+ + )
  {  scanf("(%c,%c);",&v1,&v2);
    i=LocateVex(G,v1);
    j=LocateVex(G,v2);
    G->arcs[i][j]=1;
    G->arcs[j][i]=1;
  }
```

```
    printf("\n");
return TRUE;
    }
```

上面算法用子函数 LocateVex(G,v) 找到 v 在图 G 中的位置,即 v 在一维数组 vertex 中的序号 i。算法如下:

```
int LocateVex(AdjMatrix * G,VertexData v)
{ int j=0,k;
  for(k=0;k<G->vexnum;k+ + )
  if(G->vertex[k]= = v)
  {j=k;  break;}
return(j);
    }
```

2)创建有向图的邻接表算法

参考 C 语言程序如下:

```
void CreateDG ( AdjList * G ) {
// 采用邻接表存储表示,构造有向图 G(G.kind =DG)
  scanf("%d,%d",&G->vexnum,&G->arcnum);
  for ( i =0; i <G->vexnum; + + i ) {       // 构造头向量
    scanf ( "%c",&G->vertex[i].data); // 输入顶点
    G->vertex[i].firstarc =NULL;     // 初始化指针
  } // for 语句结束
  for(k=0;k<G.arcnum;+ + k) {    // 输入各弧并构造邻接表
  scanf ("%c,%c", &v1, &v2 ); // 输入一条弧的始点和终点
  i =LocateVex ( G, v1 );     // 确定 v1 在 G 中的位置
  j =LocateVex ( G, v2 );     // 确定 v2 在 G 中的位置
  while ( i <0 || i >G->vexnum- 1 || j <0 || j >G->vexnum- 1) {
  // 如果编号超出范围,重新输入弧的始点和终点,并确定它们在 G 中的位置
    scanf ((("%c,%c", &v1, &v2 );
    i =LocateVex ( G, v1 );
    j =LocateVex ( G, v2 );
  } // while 语句结束
  if ( ! ( p =( ArcNode *  ) malloc ( sizeof ( ArcNode ) ) ) )
    exit ( OVERFLOW )       // 如果没有足够空间,则退出
  p->adjvex =j;          // 对弧结点的 adjvex 域赋值
  p->nextarc =G->vertex[i].firstarc;   // 对弧结点下一条弧指针域赋值
  G->vertex[i].firstarc =p;    // 将弧结点插入对应的单链表
  }
  } // CreateDG()函数结束
```

3)以邻接表作为存储结构,广度优先搜索连通子图

【原理】为了在遍历过程中便于区分顶点是否已被访问,需要附设访问标志数组

visited [0,…,n−1],其初值为"FALSE",一旦某个顶点被访问,则其相应的分量被置为"TRUE"。首先访问 v_0 并置访问标志,将 v_0 入队,只要队不空,则重复下面处理:

①队头结点出队;

②对于 v 的所有邻接点 w,若 w 没被访问,则访问 w 并置访问标志,然后 w 入队列。

参考 C 语言程序如下:

```
void BreadthFirstSearch( AdjList  g, int v0) {
  // 使用辅助队列 Q 和访问标志数组 visited
  for ( v =0; v <G.vexnum; + + v)
    visited[v] =FALSE;    // 访问标志数组初始化
  InitQueue (&Q);       // 置空的辅助队列
  visit (v0); visited[v0] =True;
  EnterQueue ( &Q, v0 );
  while ( ! Empty (Q) ) {
    DeleteQueue ( &Q, &v );    // 队头元素出队并放在 v
    p=G->vertex[v].firstarc;        //访问图中 v 的邻接点
    while (p! =NULL)           //邻接点存在
    {  if  (! visited[p->adjvex])
      {  visit (p->adjvex);
          visited[p->adjvex] =True;
          EnterQueue ( &Q, p->adjvex);
      } // if 语句结束
      p=p->nextarc;    //求 v 相对于 w 的下一个邻接点
    } // while (p! =Null)语句结束
  } // while ( ! Empty (Q) ) 语句结束
} // BreadthFirstSearch()函数结束
```

4)以邻接矩阵作为存储结构,递归方法实现连通图的深度优先搜索

【原理】访问出发点 v;依次从顶点 v 未被访问的邻接点 w 出发,深度优先搜索图,直至图中所有和顶点 v 有路径相通的顶点都被访问到为止,若是非连通图,则图中一定还有顶点未被访问,需要从图中另选一个未被访问的顶点作为起始点,重复上述深度优先搜索过程,直至图中所有顶点均被访问过。visited 数组与上面广度优先搜索连通子图中的作用一样。

参考 C 语言程序如下:

```
void DepthFirstSearch(AdjMatrix G, int v0)
  //图 G 为邻接矩阵类型
{ int vj;
  VertexData v;
  v=G.vertex[v0];
  printf("%c ",v);
  visited[v0]=TRUE;
  for(vj=0;vj<G.vexnum;vj+ + )
```

```
        if(! visited[vj]&&G.arcs[v0][vj]==1)
            DepthFirstSearch(G,vj);
    }
```

5)创建无向图的邻接矩阵存储结构和图的深度遍历

完整的 C 语言程序如下：

```
//存储结构定义及库文件
# include <stdio.h>
# include <stdlib.h>
# include <malloc.h>
# define TRUE 1
# define FALSE 0
# define MAX_VERTEX_NUM   20
typedef char VertexData;
int visited[MAX_VERTEX_NUM];
    typedef struct {
        VertexData vertex[MAX_VERTEX_NUM];
        int arcs[MAX_VERTEX_NUM][MAX_VERTEX_NUM];
        int vexnum,arcnum;
    }AdjMatrix;


int LocateVex(AdjMatrix * G,VertexData v) //顶点 v 在图中的位置
{ int j= 0,k;
  for(k= 0;k< G- > vexnum;k+ + )
  if(G- > vertex[k]= = v)
  {j= k;break;}
  return(j);



}
int CreateUDG(AdjMatrix * G)
{ int i,j,k;
  VertexData v1,v2,ver;
  printf("\n 请输入图的总边数:");
  scanf("%d",&G->arcnum);
  printf("\n 请输入图的总顶点数:");
  scanf("%d",&G->vexnum);
  for(i=0;i<G->vexnum;i+ + )
    for(j=0;j<G->vexnum;j+ + )
      G->arcs[i][j]=0;
  getchar();
  printf("\n 输入图的各顶点,以逗号相隔:");
  for(i=0;i<G->vexnum;i+ + )        //输入图的顶点
```

```
        scanf("%c,",&G->vertex[i]);
    getchar();
    printf("\n 输入图的每条边/弧,以(v1,v2)的方式输入,边/弧之间用;相隔:");
    for(k=0;k<G->arcnum;k+ + )
    {   scanf("(%c,%c);",&v1,&v2);
        i=LocateVex(G,v1);
        j=LocateVex(G,v2);
        G->arcs[i][j]=1;
        G->arcs[j][i]=1;
    }


    printf("\n");
return TRUE;
}


void DepthFirstSearch(AdjMatrix G, int v0)
//图 G 为邻接矩阵类型
{ int vj;
  VertexData v;
  v=G.vertex[v0];
  printf("%c ",v);
  visited[v0]=TRUE;
  for(vj=0;vj<G.vexnum;vj+ + )
    if(! visited[vj]&&G.arcs[v0][vj]= = 1)
      DepthFirstSearch(G,vj);
}


void main()
{ AdjMatrix G;
  char v;
  int vi;
  int i,j,degree=0;
  printf("\n\t\t 建立无向图的邻接矩阵存储\n\t");
  CreateUDG(&G);
  printf("\n\t\t 输出图的邻接矩阵:\n");
  for(i=0;i<G.vexnum;i+ + )
  {
    for(j=0;j<G.vexnum;j+ + )
    printf("%d ",G.arcs[i][j]);
    printf("\n");
  }
```

```
printf("请输入顶点的名:");
getchar();
scanf("%c",&v);
i=LocateVex(&G, v);
for(j=0;j<G.vexnum;j++) degree=degree+ G.arcs[i][j];
printf("\n 顶点%c 的度为%d\n",v,degree);
printf("\n\t\t 完成无向图的深度优先遍历\n\t");
for (vi=0;vi<G.vexnum;vi++) visited[vi]=FALSE;
for(vi=0;vi<G.vexnum;vi++)
  if(! visited[vi]) DepthFirstSearch(G,vi);
 printf("\n");
return;
}
```

图的其他基本操作可参照该程序实现。

6.1.4　实验内容及要求

请选择并实现题①～③中的任一程序,实验完成后,提交实验报告。

①实现有向图的邻接矩阵存储结构的建立,使用图的非递归搜索算法,并求出该有向图中结点的度。

②构建图(有向图和无向图)的邻接表存储结构,使用图的递归搜索算法,并求出该图的度。

③实现将一个无向图邻接矩阵转换成邻接表。

6.1.5　实验总结与思考

图是最复杂的数据结构,它的表达能力强。本书用到的图的存储有以边集合方式表示的邻接矩阵,也有以链表方式表示的邻接表。图的遍历规律有两种:深度优先遍历和广度优先遍历,可以用邻接矩阵和邻接表来实现深度优先遍历和广度优先遍历算法。深度优先遍历是以递归技术为支撑的,而广度优先遍历是以队列技术为支撑的。图的遍历算法是图应用的重要基础。

【思考】在实现第 6.1.4 节的问题的过程中,应用什么来表示图中某个结点是否被访问过?

6.2　图的应用综合实验

利用图可以解决很多实际问题。

1)最小生成树

例如,在 n 个城市之间建立通信网络,那么连通 n 个城市只需要 n−1 条线路,这是一个生成树概念的应用问题。这时面临的问题是:如何在最节省经费的前提下建立这个通信网?

在每两个城市之间都可以设置一条线路,相应地都要付出一定的经济代价。n 个城市之间最多可能设置 n(n－1)/2 条线路,那么,如何在这些可能的线路中选择 n－1 条,以使总的耗费最少?

可以用连通网表示 n 个城市及 n 个城市之间可能设置的通信线路,其中顶点表示城市,边表示两城市之间的通信线路,边上的权值表示线路造价预算。对于 n 个顶点的连通网可以建立许多不同的生成树,每一棵生成树都可以是一个通信网。一棵生成树的代价定义为生成树上各边权值之和。要选择一棵使总的耗费最少的生成树,就是构造连通网的最小代价生成树(Minimum Spanning Tree,MST)的问题,简称最小生成树问题。常用的算法有两个:Prim 算法和 Kruskal 算法。

2)有向无环图的应用

①拓扑排序。

在图中用顶点表示活动,用弧表示活动之间的优先关系,则这个有向无环图称为 AOV 网(Activity on Vertex Network,顶点表示活动)。

在 AOV 网中,如果从顶点 v_i 到顶点 v_j 有一条有向路径,则 v_i 是 v_j 的前驱,v_j 是 v_i 的后继;如果(v_i,v_j)是 AOE 网中的 一条弧,则 v_i 是 v_j 的直接前驱元素,v_j 是 v_i 的直接后继元素。

对于一个 AOV 网,构造其所有顶点的线性序列,建立顶点之间的先后关系,而且使原来没有先后关系的顶点之间也建立起人为的先后关系,这样的线性序列称为拓扑有序序列。构造 AOV 网的拓扑有序序列的运算称为拓扑排序(Topological Sort)。可以用深度优先搜索方法和广度优先搜索方法来完成。

②关键路经。

与 AOV 网相对应的网是 AOE 网(Activity on Edge Network,边表示活动)。AOE 网是一个带权有向无环图,其中,顶点表示事件,弧表示活动,权表示活动持续的时间。AOE 网可以用来估算工程的完成时间。与 AOV 网不同,AOE 网有待研究的问题是:完成整项工程至少需要多少时间?哪些活动是影响工程进度的关键? 由于在一项工程中,有许多活动可以同时进行,所以解决第一个问题要先求出整个工程的最短时间;而解决第二个问题则要求出影响整个工程进度的关键路径。

3)带权有向图的最短路径问题

给定带权有向图 G＝(V,E),E 中每一条弧(w,v)都有非负的权。指定 V 中的一个顶点 v 作为源点,找从源点 v 出发到图中所有其他各顶点的最短路径,这就是求某个源点到其他每个顶点的最短路径,经典算法有 Dijkstra 算法。单源最短路径问题的进一步推广是求每对顶点之间的最短路径,经典算法有 Floyd 算法。

6.2.1 实验目的

利用学过的图的知识完成简单的实际问题,主要掌握实际应用中图的建立方法和遍历的应用。

6.2.2 实验过程示例

【任务】设计云南省昆明市呈贡大学城校区导游图,主要功能有以下三个:

①查找通往参观者要到达的目的地的最短路径；

②查找任意两个目的地之间的最短路径；

③实现参观者可以游览最多景点的最短路径。

【原理】该设计共分三个部分，一是建立导游图的存储结构；二是解决单源最短路径问题；三是实现两个参观点之间的最短路径。

1)建立图的存储结构

构建一个图，图中圆圈表示这个区域的参观点，两个圆圈之间的连线表示对应参观点之间的路径，连线上的数值表示参观点之间路径的长度。用邻接矩阵来存储该图。该图是一个带权无向图，参照第 6.1 节，图的邻结矩阵的存储结构的 C 语言程序如下：

```
# define MAX_VERTEX_NUM 50
typedef  char  VetexData;
  typedef struct {
  VertexData  vertex [ MAX_VERTEX_NUM ];        // 顶点向量
  int  arcs [ MAX_VERTEX_NUM ][ MAX_VERTEX_NUM ]    // 邻接矩阵
  int  vexnum,  arcnum;  // 图的当前顶点数和弧数
  }AdjMatrix;        // 图邻接矩阵类型名
```

2)单源最短路径

Dijkstra 算法思想：对于图 $G=(V,\{E\})$，V 是顶点的集合，E 是弧的集合，G.arcs 是邻接矩阵。$G.arcs[i][j]$ 表示弧 (v_i,v_j) 的权，若不存在有向边 $<v_i,v_j>$，则 $G.arcs[i][j]$ 的值为无穷大。图中的顶点分成以下两组，第一组顶点集合 S：已求出的最短路径的终点集合（初始点为 $\{v_0\}$）；第二组顶点集合 V-S：尚未求出的最短路径的终点集合（始点为 V-$\{v_0\}$ 的全部顶点）。算法按照最短路径长度的递增顺序逐个将第二组的顶点加入第一组中，直到所有顶点都加入 S 为止。

算法中用辅助数组 dist，$dist[i]$ 表示目前已找到的、从始点 v_0 到终点 v_i 的当前最短路径的长度。它的初值为：如果从 v_0 到 v_i 有弧，则 $dist[i]$ 为弧的权值，否则 $dist[i]$ 为∞。

根据上述定理，长度最短的一条路径必为 (v_0,v_k)，v_k 满足如下条件：

$$dist[k]=Min\ \{disk[i]|v_i\in V\text{-}S\}$$

求得顶点的最短路径后，将 v_k 加入第一组顶点集合 S 中，调整 dist 中记录的从源点到 V-S 中每个顶点 v 的距离，从原来的 $dist[v]$ 和 $dist[w]+G.arcs[w][v]$ 中选择较小的值作为新的 $dist[v]$。重复上述过程，直到 S 中包含 V 中其余顶点。

最终结果是：S 记录了从源点到该顶点存在最短路径的顶点集合，数组 dist 记录了从源点到 V 中其余顶点之间的最短路径，path 是最短路径的路径数组，其中 $path[i]$ 表示从源点 v_0 到顶点 v_i 之间的当前最短路径顶点序列。它的初值为：如果从 v_0 到 v_i 有弧，则 $path[i]$ 为 (v_0,v_i)，否则 $path[i]$ 为空。

Dijkstra 算法用自然语言描述如下（它可求出 v_0 到图中其他每个顶点的最短路径）：

```
S←{v0},  dist[i]= G.arcs[v0][vi].adj; (vi∈V-S)
(将 v0 到其余顶点的最短路径长度初始化为权值)
while(S集中顶点数< G.vexnum)
{
```

选择 v_k,使得 dist[k]= Min {disk[i]|$v_i \in$ V-S},v_k 为目前求得的下一条从 v_0 出发的最短路径的终点;

将 v_k 加入 S;

修正从 v_0 出发到集合 V-S 上任一顶点 v_i 的最短路径及长度,从 v_0 出发到集合 V-S 上任一顶点 v_i 的当前最短路径的长度为 dist[i],从 v_0 出发,中间经过新加入 S 的 v_k,然后到达集合 V-S 上任一顶点 v_i 的路径长度为

dist[k]+ G.arcs[k][i].adj

若 dist[k]+ G.arcs[k][i].adj< dist[i],则 dist[i]= dist[k]+ G.arcs[k][i].adj;

}

3)求任意一对顶点间的最短路径

采用 Floyd 算法思想

首先进行初始化,将 v_i 到 v_j 的最短路径的长度的初值设为 G.arcs[i][j].adj,然后进行如下 n 次比较和修正。

在 v_i 和 v_j 间加入顶点 v_0,比较(v_i,v_0,v_j)和(v_i,v_j)的路径长度,取其中较短的路径作为 v_i 到 v_j 的,且中间顶点序号不大于 0 的最短路径。

再增加一个顶点 v_1,也就是说,如果(v_i,…,v_1)和(v_1,…,v_j)分别是当前找到的中间顶点序号不大于 0 的最短路径,那么(v_i,…,v_1,…,v_j)就有可能是从顶点 v_i 到 v_j 的中间顶点序号不大于 1 的最短路径。将它和已经得到的从顶点 v_i 到 v_j 的中间顶点序号不大于 0 的最短路径相比较,从中选出长度较短者作为从顶点 v_i 到 v_j 的中间顶点序号不大于 1 的最短路径。

再增加一个顶点 v_2,继续进行试探。

在经过 n 次比较之后,最后求得的必是从顶点 v_i 到 v_j 的最短路径。按照此方法,可以同时求得图中各对顶点之间的最短路径。

4)程序清单

```
# include < stdio.h>
# include< stdlib.h>
# define INFINITY 32767
# define MAX_VERTEX_NUM 50
#  define TRUE 1
#  define FALSE 0
typedef char VertexData;
typedef struct {
VertexData vertex [ MAX_VERTEX_NUM ];      //顶点向量
    int arcs [ MAX_VERTEX_NUM ][ MAX_VERTEX_NUM];
    // 邻接矩阵
    int vexnum, arcnum; // 图的当前顶点数和弧数
}AdjMatrix;//图的邻接矩阵类型名

int LocateVex(AdjMatrix * G,VertexData v)
//求顶点 v 在图中的位置序号,顶点 v 在一维数组 G- > vertex 中的位置
```

```
{
    int j= 0,k;
    for(k= 0;k< G- > vexnum;k+ + )
    if(G- > vertex[k]= = v)
    { j= k; break;}
    return j;
}
void CreateDN(AdjMatrix * G) {
//创建有向网 G 的邻接矩阵存储结构

    int i,j,k,weight;
    VertexData v1,v2;
    printf("\n 请输入图的总边数:");
    scanf("% d",&G- > arcnum);
    printf("\n 请输入图的总顶点数:");
    scanf("% d",&G- > vexnum);
    for(i= 0;i< G- > vexnum;i+ + )
    for(j= 0;j< G- > vexnum;j+ + )
      if(i= = j) G- > arcs[i][j]= 0;
      else G- > arcs[i][j]= INFINITY;
    getchar();
    printf("\n 输入图的各顶点,以逗号相隔:");
    for(i= 0;i< G- > vexnum;i+ + )        //输入图的顶点
    scanf("% c,",&G- > vertex[i]);
    getchar();
    printf("\n 输入图的每条边/弧和权值,以< v1,v2,weight> 的方式输入,边/弧之间
用;相隔:");
    for(k= 0;k< G- > arcnum;k+ + )
  {
    scanf("< % c,% c,% d> ;",&v1,&v2,&weight);
    i= LocateVex(G,v1);
    j= LocateVex(G,v2);
    G- > arcs[i][j]= weight;
    }
      printf("\n");
}


# define MAXSIZE 100
typedef struct        //线性表的定义
{
  VertexData elem[MAXSIZE];
  int last;
}SeqList;
```

```
typedef SeqList VertexSet;

void AddTail(VertexSet * set,char temp) //把字符 temp 置于 set 代表的线性表的尾部
{      int m;
    m= set- > last;
    m+ + ;
    set- > elem[m]= temp;
    set- > last= m;
}
int Member(char v,VertexSet s) //判断顶点 v 属于集合 s 否
{
  int i= 0;
  for(i= 0;i< s.last;i+ + )
    if(s.elem[i]= = v) return 1;      //v 在集合 s 中,返回 1
  return 0;                           //v 不在集合 s 中,返回 0
}


int*  ShortestPath_DJS(AdjMatrix g, int v0 ,VertexSet path[])
/* path[i]中存放顶点 i 的当前最短路径,dist[i]中存放顶点 i 的当前最短路径长度*/
{
int i,t,min,k;
  VertexSet s; /* s 为已找到最短路径的终点集合*/
  int dist[MAX_VERTEX_NUM];
  for (i= 0;i< g.vexnum;i+ + )
    { path[i].last= - 1;
      dist[i]= g.arcs[v0][i];
      if ((dist[i]< INFINITY)&&(i! = v0))
      {
          AddTail(&path[i],g.vertex[v0]);
        AddTail(&path[i],g.vertex[i]);
      }
  }//for
  s.last= - 1;//集合 s 初始化
  AddTail(&s,g.vertex[v0]); /*将 v0 看成第一个已找到最短路径的终点*/
    /*以下部分通过 n- 1 次循环,将第二组顶点集 v- s 中的顶点按照递增有序方式加入 s
集合中,并求得从顶点 v0 出发到达图中其余顶点的最短路径*/
  for(t= 1;t< = g.vexnum- 1;t+ + ) /*求 v0 到其余 n- 1 个顶点的最短路径*/
    {
      min=  INFINITY;
      for(i= 0;i< g.vexnum;i+ + )
          if(! Member(g.vertex[i],s)&&dist[i]< min)
          {k= i; min= dist[i]; }
      if(min= = INFINITY) return dist;
```

```
        /*将 v0 看成第一个已找到最短路径的终点*/
      AddTail(&s,g.vertex[k]);

        for(i= 0;i< g.vexnum;i+ + )      /*修正 dist[i],i∈v-s*/
    if((! Member(g.vertex[i],s))&&(g.arcs[k][i]! = INFINITY)&&(dist[k]+ g.
arcs[k][i]< dist[i]))
        {
          dist[i]= dist[k]+ g.arcs[k][i];
          path[i]= path[k];
          AddTail(&path[i],g.vertex[i]);    /*path[i]= path[k]U{vi}*/
        }
      }//for(t)
    return(dist);
}//ShortestPath_DJS

  void OutputMatrix(AdjMatrix g)
  {
  int i,j;
  printf("输出有向图的顶点:");
  for(i= 0;i< g.vexnum;i+ + ) printf("% c ",g.vertex[i]);
  printf("\n 输出有向图邻接矩阵:\n");
    for(i= 0;i< g.vexnum;i+ + )
    {
    for(j= 0;j< g.vexnum;j+ + ) printf("% d ",g.arcs[i][j]);
      printf("\n");
    }
    }
void ShortestPath_Floyd(AdjMatrix g, int dist[MAX_VERTEX_NUM][MAX_VERTEX_
NUM], VertexSet path[MAX_VERTEX_NUM][ MAX_VERTEX_NUM])
  /*图 g 的存储结构是邻接矩阵,path[i][j]为 vi 到 vj 的当前最短路径,dist[i][j]为
vi 到 vj 的当前最短路径长度*/
  {
    int i,j,k,m,n;
    for(i= 0;i< g.vexnum;i+ + ) /*初始化 dist[i][j]和 path[i][j]*/
    for(j= 0;j< g.vexnum;j+ + )
      {
      path[i][j].elem[0]= NULL; //InitList_F(&path[i][j]);
      path[i][j].last= - 1;
      dist[i][j]= g.arcs[i][j];
      if((dist[i][j]<  INFINITY)&&(i! = j))
        {.
      AddTail(&path[i][j],g.vertex[i]);
        AddTail(&path[i][j],g.vertex[j]);
```

```
            }
        }//for
    for(k= 0;k< g.vexnum;k+ + )
      for(i= 0;i< g.vexnum;i+ + )
        for(j= 0;j< g.vexnum;j+ + )
          if(dist[i][k]+ dist[k][j]< dist[i][j])
            {
            dist[i][j]= dist[i][k]+ dist[k][j];
        /*下面把线性表 path[i][k]与线性表 path[k][j]进行合并后放入线性表 path
[i][j]*/
          for(m= 0;m< = path[i][k].last;m+ + )
          path[i][j].elem[m]= path[i][k].elem[m];
          path[i][j].last= path[i][k].last;
          m= path[i][k].last;
          if(path[k][j].elem[0]= = path[i][k].elem[m])
            for(n= 1;n< = path[k][j].last;n+ + )
              {
                path[i][j].elem[path[i][j].last+ n]= path[k][j].elem[n];
                path[i][j].last+ + ;
              }
          else for(n= 0;n< = path[k][j].last;n+ + )
            {
              path[i][j].elem[path[i][j].last+ 1+ n]= path[k][j].elem[n];
              path[i][j].last+ + ;
            }
          }
      }// ShortestPath_Floyd


void main()
{   AdjMatrix g;
    char vex,v,w;
    int i,j,k,begin;
    int xz= 1;
    int * dist_D;
    VertexSet path_D[MAX_VERTEX_NUM];
/*存放 Dijkstra 算法思想中提到的源点到某顶点的最短路径*/
    int F_dist[MAX_VERTEX_NUM][ MAX_VERTEX_NUM];
    VertexSet F_path[MAX_VERTEX_NUM][ MAX_VERTEX_NUM];
/*存放 Floyd 算法思想中提到的任两个顶点间的最短路径*/

    printf("\n\t\t 建立有向图的邻接矩阵存储\n\t");
    CreateDN(&g); /*建立图的存储结构*/
```

```
    while (xz! = 0) {
        printf("＊＊＊＊＊＊＊求目的地之间的最短距离＊＊＊＊＊＊＊ ＊\n");
        printf("=============================\n");
        printf("1.求一个地方到其他所有目的地的最短路径\n");
        printf("2.求任意的两个目的地之间的最短路径\n");
        printf("=============================\n");
        printf("  请选择:1或 2,选择 0 退出:");
        scanf("% d",&xz);
        getchar();
    switch(xz)
      {
        case 0: printf("再见！\n");
               return;
        case 1: printf("求单源路径,输入源点 begin:");
                scanf("% c",&vex);
            getchar();
            begin= LocateVex(&g,vex);
              dist_D= ShortestPath_DJS(g,begin,path_D);
            printf("\n");
              printf("始点到各终点的最短路径及长度:\n");
            for(i= 1;i< g.vexnum;i+ + )
              {
    for(j= 0;j< = path_D[i].last;j+ + ) printf("% c- > ",path_D[i].elem[j]);
            printf("\t\t");
              printf("% d",dist_D[i]);
                printf("\n");
              }
            break;
        case 2: ShortestPath_Floyd(g,F_dist,F_path); /*调用 Floyd 算法*/
            printf("输入源点(或始点)和终点:v,w:");
            scanf("% c,% c",&v,&w);
          getchar();
          i= LocateVex(&g,v);
          j= LocateVex(&g,w);
          if (F_path[i][j].last= = - 1) /* k 为始点 v 的后继结点*/
            printf("顶点% c到顶点% c无路径!",v,w);
          else
          { printf("\n 路径:");
              for(k= 0;k< = F_path[i][j].last;k+ + )
              printf("% c- > ",F_path[i][j].elem[k]); /*输出后继结点*/
              printf(" 路径长度:% d\n",F_dist[i][j]);
            }
            break;
```

```
    }//switch 语句结束
       printf("\n");
    }//while 语句结束
  return;
}//main()函数结束
```

6.2.3 实验内容及要求

请选择并实现题①～②中的任一程序,实验完成后,提交实验报告。

①用 Prim/Kruskal 算法建立最小生成树。

②设计你所在校区/小区导游图,在实验过程示例的集础上编程实现参观者可以游览最多景点的最短路径。

【部分参考答案】

②提示:构造一个由校区/小区的重要部门、景点和大门构成的图,还可通过编写Output()函数将顶点代号转换为景点名称。

第 7 章　　查找和排序

7.1　查找基本实验

首先要了解下面几个基本概念。

查找。根据给定的关键字,在列表中确定一个关键字与给定关键字相同的数据元素,若查找成功,则返回该数据元素在列表中的位置,若查找失败,则返回 0。

线性查找。即顺序查找,将所给关键字与线性表中各元素的关键字进行逐个比较,直到成功或失败为止。

折半查找。是对顺序表实行的查找方法,这种方法要求表中的元素按照关键字从小到大的顺序排列。

分块查找。介于线性查找和折半查找之间的一种折中方法,这种方法要求将表中的元素按照关键字从小到大(或者从大到小)的顺序排列。

基于树的查找。将待查表组织成特定树的形式,并在树结构上实现查找,包括二叉排序树、平衡二叉树和 B 树等。

二叉排序树。二叉排序树或者是一棵空树,或者是具有如下性质的二叉树:若它的左子树非空,则左子树上所有结点的值均小于根结点的值;若它的右子树非空,则右子树上所有结点的值均大于根结点的值;它的左右子树也分别为二叉排序树。

平衡二叉树。又称为 AVL 树,它或者是一课空二叉树,或者是具有如下性质的二叉查找树:它的左子树和右子树都是平衡的二叉排序树,且左子树和右子树的高度之差的绝对值小于等于 1。

散列法。也称为杂凑法,这种方法采用一种称为散列表的数据结构表示数据的集合,应用这种方法进行查找,不比较关键字,而是借助一个函数(称为散列函数),把要查找的元素关键字转换成一个数值(称为散列值或散列地址),按照散列地址确定要查找的元素在散列表中的位置。散列法常用于这样的场合:关键字可能取值的范围很大,而实际出现的关键字却比这个范围内可能的取值小得多。

7.1.1　实验目的

掌握顺序查找算法、折半查找算法的思想及 C 语言实现;掌握二叉查找树的查找、插入、删除、建立算法的思想及程序实现;掌握散列存储结构的思想,能选择合适的散列函数,使用不同冲突处理方法实现散列表的查找、建立。

7.1.2　实验过程示例

【任务】实现二叉查找树的查询、插入、删除。

1)二叉查找树的存储结构与创建

【原理】将二叉排序树初始化为一棵空树,然后逐个读入元素,每读入一个元素,就建立一个新结点,并插入到当前已生成的二叉排序树中。注意插入时比较结点的顺序始终是从二叉排序树的根结点开始的。二叉查找树的存储结构同二叉树的存储结构,均采用二叉链表作为存储结构。

该存储结构的 C 语言描述如下:

```
# include <stdio.h>
# include <stdlib.h>
# define ENDKEY 0
typedef int KeyType;
typedef struct Node {
KeyType key;
struct Node * lchild,* rchild;
}BSTNode,* BSTree;
```

二叉排序树的创建见主函数。

2)二叉排序树的插入

【原理】若二叉树是空的,则新结点 key 是二叉树的根;若二叉树非空,则将 key 与二叉排序树根结点的关键字进行比较:若 key 的值等于根结点的值,则停止插入;若 key 的值小于根结点的值,则将 key 插入左子树;若 key 的值大于根结点的值,则将 key 插入右子树。

参考 C 语言程序如下:

```
BSTNode *  InsertBST(BSTree root, KeyType key) {
  /*在二叉排序树 BST 中不存在关键字等于 key 的元素,插入该元素*/
  BSTree r,s;
  BSTNode * p,* q;
  if (root= = NULL)
  {
    s=(BSTree)malloc(sizeof(BSTNode));
    s->key=key;
    s->lchild=NULL;
    s->rchild=NULL;
    root=s;
  }
  else {//建立新结点
    r=(BSTree)malloc(sizeof(BSTNode));
    r->key=key; r->lchild=NULL;
    r->rchild=NULL;

    p=root;
    while (p)        //寻找新结点的插入位置
     { q=p;
       if(p->key>key) p=p->lchild;
```

```
                else p=p->rchild;
        }
        if (q->key==key)   return root;
        if (q->key>key)   q->lchild=r;     //插入 r,作为 q 的左孩子
        else q->rchild=r;   //插入 r,作为 q 的右孩子
    } //else 语句结束

    return root;
} //InsertBST()函数结束
```

3)二叉排序树的删除

【原理】若 p 为叶子结点,则可直接将其删除。若结点 p 只有左子树/右子树,则可将 p 的左子树/右子树直接改为其双亲结点的 f 的左子树。若 p 有左子树和右子树,分两种情况处理,找到结点 p 中序序列的直接前趋结点 s,将 p 的左子树改为 f 的左子树,而将 p 的右子树改为 s 的右子树,或找到结点 p 中序序列的直接前趋结点 s,用结点 s 的值代替结点 p 的值,再删除结点 s,原结点 s 的左子树改为 s 的双亲结点 q 的右子树。

参考 C 语言程序如下:

```
BSTNode *   DelBST (BSTree t, KeyType k)
{     //在二叉排序树 t 中删除关键字为 k 的结点

    BSTNode  * p,* f,* s,* q;
    p=t; f=NULL;
    while(p)     //查找关键字为 k 的待删结点 p
    { if (p->key==k)   break;   //找到,则跳出
        f=p;                    //f 指向结点 p 双亲
        if(p->key>k) p=p->lchild;
        else       p=p->rchild;
    }
    if (p==NULL) return t;     //若找不到,返回原二叉树
    if (p->lchild==NULL)     //p 无左子树
    {     if (f==NULL) t=p->rchild; //p 是原二叉排序树的根
        else if(f->lchild==p) //p 是 f 的左孩子
                //包含了 p 为叶子结点的情况
            f->lchild=p->rchild;       //①②将 p 的右子树链到 f 的左链上
        else       //p 是 f 的右孩子
            f->rchild=p->rchild;       //将 p 的右子树链到 f 的右链上
        free(p);
    }
    else //p 有左子树,包含了 p 只有左孩子,p 有两个孩子
    { q=p;s=p->lchild;
        while (s->rchild)
        {q=s; s=s->rchild;}     //在 p 的左子树中查找最右下结点
```

```
if(q==p) q->lchild=s->lchild; //将 s 的左子树链到 q 上
 else q->rchild=s->lchild;
 p->key=s->key;
 free(s);
 }
 return t;
} //DelBST
```

4）中序输出二叉排序树

```
void inOrder_Output(BSTree root)    //root 指向二叉树根结点
{ if(root! =NULL)
  {

    inOrder_Output(root->lchild);
    printf("%d ",root->key);
    inOrder Output(root->rchild);
  }
 }
```

5）二叉排序树的查找

【原理】在根结点 bst 所指的二叉排序树中,递归查找关键字等于 key 的元素,若查找成功,则返回指向该元素结点的指针,否则返回空指针。

参考 C 语言程序如下：

```
BSTree  SearchBST (BSTree bst, KeyType key)
{ BSTree q;
 q=bst;
 while (q)
 {  if (q->key== key) return q;   //查找成功
    if(q->key>key)   q=q->lchild;  //在左子树中查找
    else q=q->rchild;          //在右子树中查找
 }
 return NULL;        //查找失败 }
}
```

6）调试主函数

调试主函数的 C 语言程序如下：

```
void main()
{
KeyType key;
BSTree bst=NULL;
BSTNode * t,* p;
printf("please input Node of Binariy search tree,0 is end:");
scanf("%d,",&key);
while (key! =ENDKEY)   //重复调用插入结点算法
```

```
    {
        bst=InsertBST(bst,key);
        scanf("%d,",&key);

    }
    printf("Output Inorder of Binary search tree: ");
    inOrder_Output(bst);
    printf("\nplease input Node searched:");
    scanf("%d",&key);
    if(SearchBST( bst,key))  printf("search is success");
    else printf("this key is not exist!!");
    printf("\nplease input Node Deleted: ");
    scanf("%d",&key);
    t=DelBST(bst,key);
    inOrder_Output(bst);
    printf("\n");
}
```

提取以上实验过程示例中的代码,可得到一完整的有关该问题的实现程序。

7.1.3　实验内容及要求

请选择并实现题①～⑤中的任一程序,实验完成后,提交实验报告。

①实现顺序查找和折半查找算法。

②从二叉排序树中删除具有最大关键字值的结点。

③假定二叉树中结点的关键字值互不相同,编写判定给定的二叉树是否是二叉排序树的程序。

④实现平衡二叉树的建立及操作(插入、删除、查找等)。

⑤散列表的操作与实现:选取哈希函数 $H(K)=Key\%13$,用线性探测,再用散列法处理冲突。试在 0～15 的散列地址空间中,对关键字序列 19、14、23、01、68、20、84、27、55、11、10、79 构造哈希表,并实现哈希查找。

7.1.4　实验总结与思考

查找表是由同一类型元素构成的集合,本教材涉及三种类型的查找表。

(1)基于线性结构,顺序查找表和折半查找表,这类查找表用于不对表做插入或删除的操作,其通常称为静态查找表。

(2)基于树型结构,包括二叉树表和 m 叉树表。采用比较的分枝检索技术,这类查找表不仅用于查找,还可对表做插入或删除操作,其通常称为动态查找表。

(3)哈希结构,根据数据的关键字计算数据的存储地址。哈希表既是建立表的方法,又是查找表的方法,其对应的检索方法是计算式的检索。

7.2　排序基本实验

在很多数据处理过程中,通常要求待处理的数据按关键字大小有序排列,这就是排序。实现排序的方法有多种,不同算法的基本操作及适用的环境都不同。常见的排序方法分为如下几类。

插入类:直接插入排序,折半插入,希尔排序;

交换类:冒泡排序,快速排序;

选择类:简单选择排序,树形选择排序,堆排序;

归并类:二路归并排序;

分配类:多关键字排序,链式基数排序。

对记录类型和关键字的类型进行定义的 C 语言程序如下:

```
typedef int KeyType;
typedef stuct
{
   KeyType key;
   OtherType other_data;
}RecordType;
```

7.2.1　实验目的

(1)掌握常见的排序算法的思想,熟悉排序过程和各种排序算法的优缺点。

(2)了解各种排序方法依据的原则,以便根据不同的情况,选择合适的排序方法。

7.2.2　实验过程示例

【任务】对插入类、交换类和选择类中六种常用的排序方法进行简单分析和算法描述。

1)直接插入排序

【原理】将第 i 个记录插入到前面 i−1 个已经排好序的记录中。

参考 C 语言程序如下:

```
void InsSort(RecordType r[],int n) //对长度为 n 的记录表 r 排序
{
  int i,j;
   //初始时,假设已排好序的记录为 r[1]
  for(i=2;i<=n;i++ ) //从 r[2]开始依次插入到已排好序的记录中
  {
    r[0]=r[i]; //将待插入的记录放入 r[0]中
    j=i- 1; //已排好序的记录中最后一个元素的下标为 i- 1
    while(r[0].key<r[j].key) //从后向前寻找插入位置
    {
      r[j+ 1]=r[j]; //后移一个位置
```

```
            j=j- 1; //继续向前比较
        } //while 语句结束
      r[j+ 1]=r[0]; //插入
    } //for 语句结束
} //InsSort()函数结束
```

2)希尔排序

【原理】希尔排序是改进后的插入排序算法,改进原则为,如果待排序列已经基本有序,则插入排序算法性能最佳。故先将待排序记录序列分割为若干个较稀疏的子序列,分别对这些子序列进行直接插入排序,重复进行该过程。经过调整之后的序列的记录已经基本有序后,再对全部记录进行一次直接插入排序。较稀疏的子序列的分隔是通过选定记录间的距离,也称为增量序列 $d_1, d_2, \cdots, d_m$ 来实现的,满足 $d_1 > d_2 > \cdots > d_m = 1$。每一趟希尔排序选择一个增量。

一趟希尔排序算法的 C 语言程序如下:

```
void ShellInsert(RecordType r[],int n, int delta)
/*对长度为 n 的记录表 r 完成一趟希尔插入排序,delta 为增量*/
{
  int i,j;
  //待排序记录存储在 r[1]~ r[n]中
  for(i=1+ delta; i<=n;i+ + )
  /*第一个子序列首元的下标为 1,第二个元素的下标为 1+ delta*/
  if{r[i].key< r[i- delta].key)
  {
    r[0]=r[i]; //将待插入的记录 r[i]的值存储到 r[0]中
    j=i- delta; // j 为当前子序列中已排好序的记录中最后一个元素的下标
    while(r[0].key< r[j].key&&j> 0) //寻找插入位置
    {
      r[j+ delta]=r[j]; // 后移 delta 个位置
      j=j- delta;
    } //while 语句结束
    r[j+ delta]=r[0];
  } //if 语句结束
} //ShellInsert()函数结束
```

希尔排序就是对于不同的增量,重复执行上面的算法的方法。

参考 C 语言程序如下:

```
void ShellSort(RecordType r[], int n, in delta[],int m)
/*对长度为 n 的记录表 r 进行希尔排序,delta 为增量数组,m 为该数组的长度*/
{
  int i;
  for(i=0;i<=m- 1;i+ + )
    ShellInsert(r,n,delta[i]);
```

```
} //ShellSort()函数结束
```

3）冒泡排序

【原理】比较相邻的的数据元素,如果是逆序,就交换,直到没有逆序为止。

参考 C 语言程序如下:

```
void BubbleSort(RecordType r[], int n)
/* 对长度为 n 的记录表 r 进行冒泡排序*/
{
  int i,j, change;
  RecordType x;
  change=1; //change 用来标记是否有逆序,初始值为 1,表示有逆序
  for(i=1;i<=n- 1 && change ; i+ + ) //要完成 n- 1 趟比较
  {
    change=0; //在比较之前,先假设没有逆序
    for(j=1;j<=n- i; j+ + ) //第 i 趟的待比较元素下标为 1~（n- i)
      if(r[j].key>r[j+ 1].key) // 比较相邻元素,如果是逆序,则交换
      {
        x=r[j];
        r[j]=r[j+ 1];
        r[j+ 1]=x;
        change=1; // 有逆序存在,change 的值变为 1
          } //if 语句结束
      } //for i 语句结束
  } //BubbleSort()函数结束
```

4）快速排序

【原理】在冒泡排序的相邻两个元素的比较中,一次交换只能消除一个逆序。快速排序的思想就是通过交换不相邻的两个元素来消除待排序记录中的多个逆序。其基本方法是,选择一个记录为枢轴元素(通常选择记录表的首元素,或者尾元素),也就是基准元素,把比枢轴元素小的记录都移动到前面,而把比枢轴元素大的元素都移动到后面,通过这个枢轴元素就对原来的记录表进行了划分,这样一个划分的过程称为一趟快速排序。分别对枢轴元素的前后两个子表执行上述划分过程,直到不可划分为止。

一趟快速排序算法的 C 语言程序如下:

```
int QKPass(RecordType r[],int low , int high)
/* 将首元素位置为 low,尾元素位置为 high 的记录表进行一趟快速排序划分*/
{
  RecordType x, //枢轴元素变量
  x=r[low]; //选择记录表的首元素为枢轴元素
  while(low<high)
  {
    while(low<high && r[high].key>=x.key)
      high- - ; /*从右到左找小于 x.key 的记录*/
```

```
          if(low<high) //找到
          {
            r[low]=r[high];
```
/*将小于 x.key 的记录前移到 r[low]中,r[low]是空单元*/
```
            low+ + ;
          }
          while(low<high && r[low].key<x.key)
            low+ + ; /*从左到右找大于或等于 x.key 的记录*/
          if(low<high) //找到
          {
            r[high]=r[low];
```
/*将大于或等于 x.key 的记录后移到 r[high]中,r[high]是空单元*/
```
            high-- ;
          }
        r[row]=x;   // 把枢轴元素保存到 low=high 的位置上,完成划分
        return low;
        } //OKPass()函数结束
```
完整的快速排序算法是在通过一趟划分后,利用递归调用排序算法来实现的。

参考 C 语言程序如下:
```
      void OKSort( RecordType r[], int low, int high0
      {
          int pos;
          if(low<high)
          {
              pos=QKPass(r,low,high);
              QKSort(r, low, pos- 1);
              QKSort(r, pos+ 1, high);
          }
      } //QKSort()函数结束
```

5)简单选择排序

【原理】每一趟在 $n-i+1(i=1,2,\cdots,n-1)$ 个记录中选取关键字最小(最大)的记录作为有序序列的第 i 个记录。

简单选择排序的 C 语言程序如下:
```
      void SelectSort( RecordType r[], int n)
      /*对长度为 n 的记录表 r 进行简单选择排序*/
      {
        int i, j, k;
        RecordType x;
        for(i=1;i<=n- 1; i+ + ) // 共要选择 n- 1 趟
        {
          k=i;
```

```
    /*第 i 趟时假设待排序列首元素是当前最小元素,用 k 存储最小元素下标*/
      for(j=i+ 1 ; j<=n; j+ + )
      {
          if( r[j].key<r[k].key) k=j; /*找寻最小元素下标,存储在 k 中*/
      }
      if(k! =i)
      { x=r[i]; r[i]=r[k] ; r[k]=x; }
  } //for 语句结束
} //SelectSort()函数结束
```

6)堆排序

【原理】堆排序是改进的选择排序。简单选择排序中,大量的时间都消耗在选择最小
(大)元素的操作上。为了改进选择时间,堆排序中将记录表中的元素存储为一棵完全二
叉树,每趟选择最小(大)元素的时间不会超过完全二叉树深度,而前提就是这棵完全二叉
树是个堆。其中,各结点的关键字值满足条件 $r[i].key \geq r[2i]$,并且 $r[i].key \geq r[2i+1].key$ 的完全二叉树称为大根堆;各结点的关键字值满足条件 $r[i].key \leq r[2i]$,并且
$r[i].key \leq r[2i+1].key$ 的完全二叉树称为小根堆。

因此,堆排序的实现过程有三个基本算法:建初堆、重建堆、堆排序。

无论是建堆还是堆排序,都需要进行筛选的操作,筛选过程就是将待筛选的记录表中
的最大元素或者最小元素放在筛选记录表首元素的位置的过程。

筛选过程的算法的 C 语言程序如下:

```
    void Sift(RecordType r[], int k , int m)
    /*把记录序列 r[k,…,m]调整成一个以 r[k]为根的大根堆*/
    {
      int i , j, finishied;
      RecordType t;
      KeyType x;
      t=r[k]; // 暂存根记录 r[k]
      x=r[k].key;
      i=k;
      j=2* i;   //j 是 i 的左孩子
      finished=0; //初始时筛选没有结束
      while(j<=m && ! finished)/*当 j 合法,即 i 的左孩子存在,且筛选没有结束*/
      {
        if( j+ 1<=m && r[j].key<r[j+ 1].key) j=j+ 1; /*若 i 的右孩子也存在,并且右孩
    子的关键字大于左孩子的,则沿着右分支筛选*/
          if(x>r[j].key) /*如果根结点的关键字比孩子的大*/
              finished=1; /*筛选完成*/
        else /*否则,继续筛选*/
        {
          r[i]=r[j]; //让较大的孩子代替根 r[i]
```

```
        i=j; // 对子树进行继续筛选
        j=2* i;
      }
    } //while 语句结束
    r[i]=t; //把 r[k]填入到恰当的位置
} //Sift()函数结束
```

建初堆的过程实际上是从完全二叉树的最后一个非叶子结点开始的,自底向上逐层把所有的子树都调整成堆,直到整个完全二叉树都调整成堆为止。对于 r[1,…,n],最后一个非叶子结点的下标为 n/2。

参考 C 语言程序如下:

```
void Crt_Heap(RecordType r[], int n)
{
    int i;
    for(i=n/2; i>=1;i- - )
        Sift(r,i,n);
} //Cre_Heap()函数结束
```

堆排序的过程分为三步:建初堆、交换首元结点和堆的最后一个元素、调整为新堆。

参考 C 语言程序如下:

```
void HeapSort(RecordType r[], int n)
{
    int  i;
    RecordType b;
    Crt_Heap(r,n);
/*用 i 表示当前堆的最后一个元素的位置,初始的时候,记录表 r 的最后一个元素 r[n],当
完成堆顶元素 (最大元素)和表尾元素的交换之后,要进行继续调整的堆的体积将缩小 1,也
就变化为对 r[1,…,n- 1]继续进行调整,重复这个过程*/
    for( i=n; i>=2;- - i)
    {
     b=r[1];
     r[1]=r[i];
     r[i]=b;/*交换堆顶元素和堆底元素*/
     sift(r,1,i- 1); /*将 r[1,…,i- 1]调整成堆*/
    } //for 语句结束
} //HeapSort()函数结束
```

7.2.3　实验内容及要求

编写程序,完成上述六种排序算法的实现,并分别随机生成一组待排序记录、输入一组顺序有序记录和输入一组逆序有序记录,对三种记录情况进行验证,分析各类算法在不同的记录情况下的效率。

7.2.4　实验总结与思考

掌握这些排序算法的基本思路、特点和适用情况,并能进行算法分析。要证明一种排序是稳定的,要通过算法本身的步骤加以证明,证明排序算法是不稳定的,只需举一个反例。

7.3　查找和排序的应用综合实验

7.3.1　实验目的

训练学生的结构化思想,培养学生利用查询和排序技术解决有一定工作量的实际问题,从而提高学生利用所学知识技术解决问题的能力。

7.3.2　实验内容及要求

请选择并实现题①～③中的任一程序,实验完成后,提交实验报告。

①给出 n 个学生某一门课的考试成绩表,每条信息由学号、姓名与分数组成。要求如下:首先按学号排序;再按分数排序,并要求分数相同的仍然保持按学号排序;根据姓名或学号查询某人各门课的成绩,重名情况也能处理。

②实现汽车牌照数据的排序与快速查找。

③设计散列表,实现电话号码查询。

【部分参考答案】

①通过键盘录入各学生的信息,建立相应的文件 input. dat,界面菜单应设计美观。

②为加快查找的速度,需先对数据记录按关键字排序。在汽车数据的信息模型中,汽车牌照是关键字,而且是具有结构特点的一类关键字。因为汽车牌照是数字和字母混编的,例如 01B7328,这种记录集合适合利用链式基数排序方法实现排序,然后利用折半查找方法,实现对汽车记录按关键字进行查找。

③可按如下步骤进行。设每个记录有如下数据项:电话号码、用户名、地址。键盘录入各记录,分别以电话号码和用户名为关键字建立散列表。用一定的方法解决冲突,查找并显示给定电话号码的记录,查找并显示给定用户名的记录。

第8章 数据结构课程设计

课程设计是课堂理论教学的延伸和补充,它应该完成以下目标:能够完成理论与实践的结合,锻炼学生的设计创新能力、问题分析能力和解决问题能力。它是在数据结构课程结束时开设的一项实践活动,是数据结构课程中必不可少的且非常重要的一个环节,能培养学生灵活应用所学知识解决实际问题的能力,为学生后续课程的学习及软件开发打下实践基础。

8.1 数据结构课程设计的目的与意义

数据结构涉及多方面的知识,如计算机硬件范围的存储装置和存取方法,软件范围的文件系统、数据的动态管理、信息检索,数学范围的集合和逻辑等,还有数据类型、程序设计方法、数据表示、数据运算、数据存储等。

各高校在该课程的内容安排和教材内容上,主要集中在如下三个方面:基本数据结构的阐述和分析、基本数据结构的应用、典型算法的适当渗透。

要掌握这些内容,必须辅以大量的课程实践,前面7章实践内容的重点是基本数据结构,典型算法的理解、掌握及应用。但这些基础知识的学习并不是数据结构课程的终极目标,只是为了达到最终目标打下的基础。学习该课程更深层次的目标应该是:能够针对实际问题来选择、扩展,甚至是设计全新的数据结构,并设计相应的存储结构以及加以实现,从而最终完成问题的解决。这个过程是复杂程序设计的过程,也是一个对所学知识融会贯通的过程,这是只学习前7章的课程实验所不能完成的,课程设计即是为完成这一目标而设计的。

课程设计应达到这样的目标:培养学生应用数据结构基本知识来分析问题、解决问题的综合能力;帮助学生理解、认识数据结构在计算机问题求解中的作用和地位;训练学生以系统的、规范的观点来完成计算机问题的分析、设计、编码及测试优化。

8.2 课程设计的要求

8.2.1 基本要求

(1)课程设计是在两周内完成的一项完整性实践活动,在这段时间内要完成课程设计的所有工作,从选题开始、进行题目分析,到结构设计,以及在此基础上的物理实现,再到撰写报告和答辩。

(2)每人必须完成1个题目,若题目工作量过大,可以组建课题组(这要得到教师的同意),课题组人数至多为3人。

(3)在课程结束的最后一周,带上课程设计物理实现和课程设计报告(纸质版)进行答辩,最后提交报告。

8.2.2 学生应提交的资料

(1)纸质的课程设计报告 1 份。

(2)将源程序、课程设计报告的电子文档按规定的文件名称和格式放到"学号＋姓名"文件夹中,并发送给教师。

8.2.3 课程设计的考核办法

从三个方面考核课程设计完成情况:工作态度、课程设计过程中的实践能力(系统设计及系统编码能力、动手能力等)、课程设计报告与答辩等的综合打分。考核标准如下(括号内百分数代表权重)。

(1)学生的工作态度,独立工作的能力(10%)。

(2)题目/需求分析、系统设计、算法设计的正确性,包括是否采用了合适的数据结构及存储方式等(30%)。

(3)程序实现的正确性,包括程序整体结构是否合理,编程风格是否规范等(20%)。

(4)课程设计论文撰写及答辩,包括报告的内容是否完整,结构是否合理,写作水平及格式是否符合要求等。若是课题组内成员共同完成一个设计,则每个学生的成绩将根据其在设计小组中承担的工作量进行适当加权处理(30%)。

(5)课程设计的选题新颖、实现了额外的功能、设计了新型的数据结构来解决问题、优化方案的提出、分析和验证等的创新,应予以适当加分(10%)。

8.2.4 课程设计报告内容

课程设计报告是对课程设计的总结,应包括以下方面。

1)需求分析

这部分主要是学生对题目的分析,要回答出完成相应的课程设计要做什么,要分析得出有关模型、相关定义及假设等。

2)总体设计

阐述系统总体功能结构(基本结构),并能清晰地设计每个子模块的功能、接口,以及各功能子模块之间的关系,完成用户与系统的用户界面的设计。

3)数据结构的设计

阐述系统主要功能模块所用到的数据结构,设计出相应的数据的逻辑结构,并根据系统功能在此逻辑结构上构建相应的操作,并将两者结合起来形成一个数据结构的抽象数据类型。

4)算法设计

完成下面两个方面的算法设计。

①系统核心模块的算法设计。

②数据结构核心操作的算法设计。首先给出算法的基本思想,然后给出自然语言描述,最后基于抽象数据类型给出细致完整的描述,还要思考算法是否可以优化,进一步确定优化思想以及优化后的算法代码。

5)系统的物理实现及结果

①数据结构的物理存储结构设计。基本内容是数据结构的存储定义,即用高级语言将这一结构定义出来。

②算法的物理实现。基本内容是程序流程图或算法核心代码。

③系统相关部分的实现。包括主程序的实现、用户界面的实现。

④实现结果的采集。系统实现的重要结果的拷屏图、测试用例下的结果数据、核心算法的实现结果等。

6)结果分析

对以上部分给出的结果进行分析,包括以下几个方面。

①是否达到了课程设计题目所提出的功能要求。

②对数据结构(包括逻辑结构、存储结构及其上的基本操作)的设计进行优劣分析,可从效率、可扩展角度给出分析。

③对系统核心算法给出分析,可从其正确性、时空复杂性给出分析。

④对系统整体进行分析,包括对系统整体优、缺点的分析,提出改进方案。

7)结论

学生对自己的课程设计工作做出总结、给出评价。

8)附录

若有需要,可附上如下内容。

①带有注释的系统源代码(若源代码太多,只附部分重要代码)。

②系统使用说明(可选)。

③其他附录(若需要)。

8.3 数据结构课程设计题目汇编

8.3.1 一元稀疏多项式计算器

1)问题描述

设计一个简单计算器,可实现两个一元稀疏多项式相加、相减,及计算多项式在 x 处的值。

2)基本要求

①输入并建立多项式。

②输出多项式,输出形式为整数序列:$n, c_1, e_1, c_2, e_2, \cdots, c_n, e_n$,其中 n 是多项式的项数,$c_n, e_n$ 分别是第 n 项的系数和指数,序列按指数升序排序。

③多项式 A 和 B 相加,建立多项式 A+B。

④多项式 A 和 B 相减,建立多项式 A−B。

⑤计算多项式在 x 处的值。

⑥实现计算器的功能选择仿真界面。

3)课程设计目的

理解并应用链表数据结构,体会链表结构的应用,为后续知识的学习打下基础。

4)实现提示

用带头结点的单链表存储多项式,多项式的项数存放在头结点中。

8.3.2 通信录管理系统

1)问题描述

设计一个通信录管理系统,系统功能包括:通信者信息插入、删除,通信者信息(按姓名、电话号码)查询,通信录的输出。

2)基本要求

①用单链表来存储通信者的相关信息。定义和描述通信者信息的 ADT,实现通信者信息的存储。

②实现对该通信录的管理,实现通信者信息插入、删除,通信者信息(按姓名、电话号码)查询,通信录的输出。

3)课程设计目的

理解并应用链表数据结构,体会链表结构的应用。

8.3.3 实现并对比三种基本的字符串匹配算法

1)问题描述

字符串匹配问题是:假定文本是一个长度为 n 的数组 T[1,…,n],模式是长度为 m(m≤n)的数组 P[1,…,m],如果 0≤s≤n−m,并且 T[s+1,…,s+m]=P[1,…,m],则称模式 P 完成了和 T 的匹配,且 P 在 T 中出现的位移为 s,如图 8.1 所示。

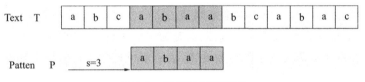

图 8.1 字符串匹配问题

本课程设计要实现三种基本的字符串匹配算法:朴素匹配算法、Rabin-Karp 算法和 KMP 算法。

①朴素匹配算法。

这是最简单的匹配算法,可以形象地看成是用一个包含模式 P 的模板沿文本滑动,同时注意每个位移下滑板上的字符是否与文本相等,如图 8.2 所示。

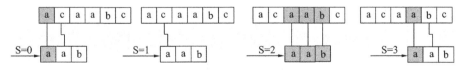

图 8.2 朴素匹配算法示意图

②Rabin-Karp 算法。

其基本思想是将模板 P 用一个数 p(通常是十进制)表示,如果字符串中的每 1 位都是 0~9 的整数,则

$$p=P[m]+10(P[m-1]+10(P[m-2]+\cdots+10(P[2]+10P[1])\cdots))$$

同时在 T 中每 m 位连续的串上计算出同样的正数值,共有 $n-m$ 个:$t_1,t_2,\cdots,t_{n-m}$。一种较为巧妙的方法是,在 t_s 的基础上按如下方式计算 t_{s+1}:

$$t_{s+1}=10(t_{s-1}10^{m-1}T[s+1])+T[s+m+1]$$

由于这样计算出的值非常大,可能导致溢出,通常的处理办法是计算 p mod q,计算时会用到性质:$(a+b)\bmod n=a \bmod n+b \bmod n,a*b\bmod n=a \bmod n * b \bmod n$。

请查阅相关资料,理解该算法。

③KMP 算法。

其基本思想是,若已完成了 P 部分字符(一个前缀 q)的匹配,那么在匹配 T 后面的字符时,可以应用 P 模式的信息减少比较次数。

请查阅相关资料,理解该算法。

2)基本要求

①编程实现三种字符串匹配算法。

②分析三种算法的时间复杂度,通过应用三种算法在一个较长英文文本中查找一个子串的实验数据来对比三种算法的运行时间。

3)课程设计目的

应用数据结构与算法的基本知识解决实际问题,对字符串匹配形成一定的认识。

8.3.4 利用队列求迷宫问题的最短路径

1)问题描述

在迷宫中找出从入口到出口的最短路径。

迷宫用一个矩阵表示,矩阵的每个元素表示一个迷宫中基本的单元。元素值为 0,表示该单元是通道,元素值为一个无穷大的值,表示不可连通。可以用矩阵的行数乘列数的结果表示无穷大。如表 8-1 所示。

表 8-1 初始迷宫的数组表示

0	0	100	100	100	100	100	0	0	0
100	0	100	0	0	0	0	0	100	100
100	0	0	0	100	100	0	100	100	100
100	100	0	100	100	100	0	100	100	100
100	100	0	100	100	100	0	0	0	100
100	0	0	100	100	100	0	100	100	100
100	100	0	0	100	100	0	100	100	100
100	100	0	100	100	0	100	100	100	100
100	100	100	100	100	0	0	0	0	0
100	100	100	100	100	0	100	100	0	0

找从入口到出口的最短路径的思想是:首先将入口周围的通道标识为 1,表示它们与入口的距离为 1。然后再检查距离为 1 的单元,将它们周围的通道置为 2,表示与入口的距离为 2。重复这个过程,直到到达出口为止。如上迷宫,当标记到出口的值为 18 时,就

找到了最短路径,路径长度为 18。如表 8-2 所示。

表 8-2　找到最短路径的迷宫

0	**1**	100	100	100	100	100	**11**	**12**	**13**
100	**2**	100	**6**	**7**	**8**	9	**10**	100	100
100	**3**	**4**	**5**	100	100	**10**	100	100	100
100	100	**5**	100	100	100	**11**	100	100	100
100	100	**6**	100	100	100	**12**	**13**	**14**	100
100	**8**	**7**	100	100	100	13	100	100	100
100	100	**8**	**9**	**10**	**11**	**12**	100	100	100
100	100	**9**	100	100	**12**	100	100	100	100
100	100	100	100	100	**13**	**14**	**15**	**16**	**17**
100	100	100	100	100	**14**	100	100	**17**	**18**

在标记的过程中,需要用到一个队列。在找到了所有与入口距离为 1 的单元后,继续搜索与它们距离为 1 的单元,将这些距离为 1 的单元保存下来。在得到距离为 2 的单元后,又需要找到与它们距离为 1 的单元,为此需要把这些距离为 2 的单元保存下来。在搜索的过程中,先处理距离小的单元,再处理距离大的单元。而距离小的单元先被找到,距离大的单元后被找到,这正好符合先来先处理的规则。因此可以将每次找到的单元放入一个队列,依次将队列元素出队,找它的邻接单元,将这些单元入队,直到到达出口为止。

要得到最短路径,可以从出口开始进行一个回溯过程。从出口开始找相邻的比它值小的单元,就是出口的前一点。对这个结点重复这个工作,直到到达入口为止。

2)基本要求

编程求迷宫的最短路径。

3)课程设计目的

深入了解栈和队列的特性,以便在解决实际问题中灵活运用它们。

8.3.5　平衡二叉排序树的实现及分析

1)问题描述

平衡二叉树又称为 AVL 树。引入平衡二叉树是为了提高查找效率,其平均查找长度为 $O(\log 2^n)$。图 8.3 所示的就是一个 AVL 树的实例。

2)基本要求

①编写 AVL 树判断程序,并判断一个二叉查找树是否为 AVL 树。

②实现 AVL 树的 ADT,包括其上的基本操作:结点的插入和删除、将一般二叉排序树转化为 AVL 树的操作。

3)课程设计目的

理解 AVL 树与 BST 树的差别,掌握怎样判断 AVL 树,及 AVL 树的 ADT 的实现,学习如何在满足二叉排序树定义的条件下实现二叉排序树的平衡。

4)实现提示

主要考虑树的旋转操作。

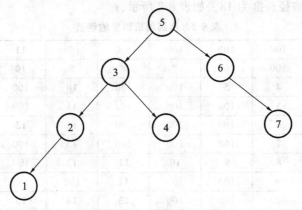

图 8.3　AVL 树的结构示意图

8.3.6　Treap 结构上的基本操作

1)问题描述

如果将 n 个元素插入到一棵二叉查找树(二叉排序树)中,所得到的树可能会非常不平衡,从而导致查找时间很长。一种常用的处理方法是,首先将这些元素进行随机置换,即先随机排列这些元素,然后再依次插入到二叉查找树中,此时的二叉查找树往往是平衡的,这种二叉查找树称为随机二元查找树。但是这样的处理存在一个问题:它只适合于固定的元素集合(已经预先知道了所有的元素)。如果没有办法同时得到所有的元素,则没有办法进行处理。图 8.4 给出了一个 Treap 结构。

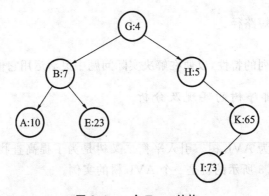

图 8.4　一个 Treap 结构

Treap 结构中每个结点 x 有两个域,一个是其关键值 key[x],一个是其优先数 priority[x](它是一个独立选取的随机数),图 8.4 所示的结点左边的字符就是 key[x],右边的整数就是 priority[x]。对于 Treap 结构,其关键字遵循二叉查找树的性质,其优先数遵循最小堆性质,即如果 v 是 u 的左儿子,则 key[v]<key[u];如果 v 是 u 的右儿子,则 key[v]>key[u];如果 v 是 u 的儿子,则 priority[v]>priority[u]。所以这种结构又称为 Treap(Tree+Heap)结构。

有了 Treap 后,假设依次插入关键字到 Treap 中,在插入一个新结点时,首先给该结点随机选取一个优先数,然后将该结点按关键字插入到 Treap 中的二叉排序树中,此时

priority 可能会不满足堆的性质，最后按照 priority 调整 Treap，即在保证二叉排序树性质的同时调整 Treap（需要一系列旋转）使之按 priority 满足堆性质。图 8.5 给出了在 Treap 结构上进行插入操作的处理过程。

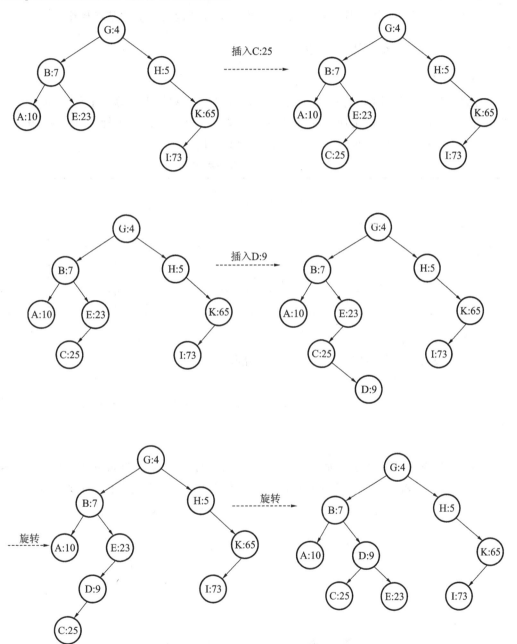

图 8.5　Treap 上的插入操作

2）基本要求

①用数据结构知识设计与实现 Treap 结构及其上的基本操作，如插入与删除。

②模拟出各个操作的结果，即可以看到依次插入元素后各结构的变化情况。

③对 Treap 的高度、Treap 中的插入操作、Treap 插入操作中的旋转次数等指标进行理论分析。

3)课程设计目的

认识 Treap 结构,能编程实现二叉查找树、Treap 结构及其上的基本操作。

8.3.7 利用图搜索求迷宫的最短路径

1)问题描述

迷宫可用二维数组 maze[m][n]表示,如表 8-3 所示。数组中的每一个分量 maze[i][j] 的值为 0 或 1,0 表示可以走通,1 表示不通。一般设迷宫的入口的坐标为[0][0],出口坐标为[m-1][n-1],且设 m[0][0]=0 和 maze[m-1][n-1]=0。

表 8-3　迷宫的数组表示

0	1	0	1	0	0	0	1
1	0	0	1	1	0	1	0
0	1	1	0	0	1	1	1
1	0	0	1	1	0	0	1
1	0	0	0	1	1	0	1
0	1	1	1	0	0	0	0

2)基本要求

利用广度优先遍历策略求得迷宫的最短路径。

3)课程设计目的

根据实际问题合理定义图模型,掌握图的搜索算法并能用该算法解决一些实际应用问题。

4)实现提示

迷宫可以看成一个无向图,如图 8.6 所示。迷宫中值为 0 的坐标可视为图中的一个顶点,两个值为 0 的相邻顶点之间存在一条边,每个顶点在 8 个方向均存在一个相邻顶点。

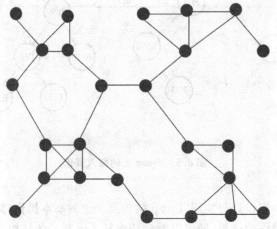

图 8.6　表示迷宫的无向图

8.3.8　真实地图的最短路径的查询

1)问题描述

每年秋天,新生入学,来自全国各地的学生怀揣理想来到美丽的校园。然而大学校园占地庞大,景点复杂,让很多新生一开始很茫然,他们需要一个指导以便尽快熟悉学习和生活环境。

请依据云南师范大学主要景点的经纬度,采用适当的存储结构建立校区主要景点的地图,并支持最短路径查询。线路的输入格式如下。

线路编号:起始点(该点坐标),经过的地点 1(该点坐标),经过的地点 2(该点坐标),…,经过的地点 n,终点(该点坐标)。该线路步行时间。

2)基本要求

①请根据径纬度,将其转化为地图坐标,请至少选择 12 个以上的建筑(景点)作为提供给用户查询的结点;

②从实际问题建立图,参照 Dijkstra 算法或 Floyd 算法实现最短路径问题,不要求坐标点绝对精确,但应当与基本的实际情况相符合;

③用户提供两个建筑(景点)的名称或编号之后,程序输出这两点之间的最短路径;

④应采用校园主干道作为两建筑之间的路径;

⑤应尽可能使展示的界面漂亮,鼓励采用图形化界面展示结果。

3)课程设计目的

根据实际问题合理定义图模型,掌握 Dijkstra 算法或 Floyd 算法,并能用相应算法解决一些实际应用问题。

8.3.9　求第 k 短的最短路径算法

1)问题描述

最短路径问题是图论中的经典问题,相关的优秀算法有 Dijkstra 算法和 Floyd 算法,但这两个算法有一个共同的特点:求的是两点之间的最短路径,不包括次短、再次短等路径。在有些问题中,有必要求出第 k 短的最短路径。形式的表达就是想要在图中求出从起点到终点的前 k 短的路径(最短,次短,第 3 短,…,第 k 短),并且需要这些路径都是无环的。

常见的较好的求解前 k 短无环路径的算法是 Yen 算法。现在简要地描述 Yen 算法:设 P_i 为从起点 s 到终点 t 的第 i 短的无环路径。首先是 P_1,也就是从 s 到 t 的最短路径,可以通过 Dijkstra 算法等轻易地求出。接下来要依次求出 $P_2,P_3,…,P_k$。可以将 $P_1 \sim P_i$ 看成一棵树,称为 T_i,它的根结点是 s,所有叶结点都是 t。例如假设 s=1,t=5,求出 $P_1 \sim P_5$。

P_1:1->2->3->5;

P_2:1->3->2->5;

P_3:1->3->5;

P_4:1->4->5;

$P_5:1->4->3->5$。

此时的 T_5 就是如图 8.7 所示的一棵树。

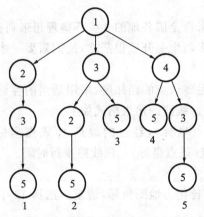

图 8.7　路径 $P_1 \sim P_5$ 对应的树 T_5

定义 dev_i 为 P_i 的偏离点,即在 T_i 上 P_i 对应的那一分枝中,第 1 个(按从 s 到 t 的顺序)不在 T_{i-1} 上的点($i>1$)。为使描述方便,设 dev_1 为 P_1 的第 2 个点。因此,在图 8.7 中,$dev_1 \sim dev_5$ 的编号分别为 2、3、5、4 和 3。显而易见,dev_i 至少是 P_i 的第 2 个点。

Yen 算法的核心部分是,每当求出一个 P_i 时,都可以从 P_i 上发展出若干条候选路径。方法为:对于 P_i 上从 dev_i 的前一个点到 t 的前一个点这一段上的每个点 v,都可以发展出一条候选路径。用 P_{isv} 表示 P_i 上从 s 到 v 的子路径,用 P_{ivt} 表示从 v 到 t 的满足下列条件的最短路径。

条件一,设点 v 在 T_i 上对应的点为 v',则 P_{ivt} 上从点 v 出发的那条边不能与 T_i 上从点 v' 出发的任何一条边相同。

条件二,P_{ivt} 上,除了点 v,其他点都不能出现在 P_{isv} 上。如果找得出 P_{ivt},则把 P_{isv} 和 P_{ivt} 连起来组成一条候选路径。

其中,条件一保证了候选路径不与 $P_1 \sim P_i$ 重复,条件二保证了候选路径无环。

例如在图 8.7 中,举一个得到一候选路径的例子。例如在求出了 P_5 之后,要在 P_5 上发展候选路径。P_5 的偏离点是 3 号点,因此 v 的范围是 \{4,3\}。当 $v=4$ 时,$P_{isv}=1->4$,因此,根据条件二,在 P_{ivt} 上不能出现 1 号点。找到 P_5 上的 4 号点在 T_5 上对应的那一点,也就是图 8.8 中位于阴影 3 号点上面的 4 号点,在 T_5 上从它出发的有(4,5)和(4,3)这两条边,因此,根据条件一,在 P_{ivt} 上不能出现这两条边。假设在这样的情况下,求出了从 4 号点到 t 的最短路径为 $4->2->5$,那么它就是 P_{ivt}。此时发展出的候选路径就是 $1->4->2->5$。

当 $v=3$ 时,$P_{isv}=1->4->3$,因此,根据条件二,在 P_{ivt} 上不能出现 1 号点和 4 号点。找到 P_5 上的 3 号点在 T_5 上对应的那一点,也就是图 8.8 中的阴影 3 号点,在 T_5 上从它出发的只有(3,5)这条边,因此,根据条件一,在 P_{ivt} 上不能出现(3,5)。假设在这样的情况下,求出了从 3 号点到 t 的最短路径为 $3->2->5$,那么它就是 P_{ivt}。此时发展出的候选路径就是 $1->4->3->2->5$。

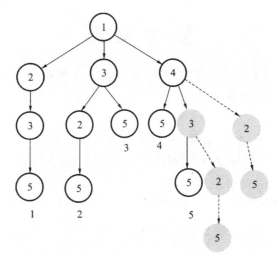

图 8.8　扩展路径 P_5 产生的候选路径

显而易见,在从 P_i 发展出的所有候选路径中,只有当 v 是 dev_i 的前一个点时,条件一才有可能阻挡掉两条或两条以上的边。当 v 不是 dev_i 的前一个点时,条件一只会阻挡掉一条边,那就是本身位于 P_i 上,从 v 出发的那条边。不仅从 P_i,从之前的 $P_1 \sim P_{i-1}$,都发展过若干条候选路径。从候选路径的集合中取出最短的一条,就是 P_{i+1}。把 P_{i+1} 从候选路径的集合中删掉,然后再从它发展新的候选路径,添加到候选路径的集合中,如此循环,直到求出 P_k 为止。如果在求出 P_k 之前,候选路径的集合就空了,那么说明 P_k 不存在。

2)基本要求

①给定一个加权图,编程实现 Yen 算法,知道如何求解第 k 短最短路径;

②候选路径集合用堆存储实现,方便快速选取最短的一条;

③分析 Yen 算法的时间复杂度。

3)课程设计目的

学习、掌握、编程实现 Yen 算法,知道如何求解第 k 短最短路径。

4)实现提示

查阅资料,进一步熟悉 Yen 算法;

在 Yen 算法中会调用 Dijkstra 算法,图可用邻接矩阵表示。

参 考 文 献

[1] 严蔚敏,吴伟民. 数据结构(C 语言版)[M].北京:清华大学出版社,1996.

[2] 耿国华,张德同,周明全. 数据结构——用 C 语言描述[M]. 北京:高等教育出版社,2015.

[3] 李秀坤,张岩,李治军.数据结构与算法实验教程[M].北京:高等教育出版社,2009.

[4] Mark Allen Weiss. 数据结构与算法分析 C＋＋描述[M].北京:人民邮电出版社,2017.

[5] 翁惠玉,俞勇.数据结构:题解与拓展[M].北京:高等教育出版社,2011.